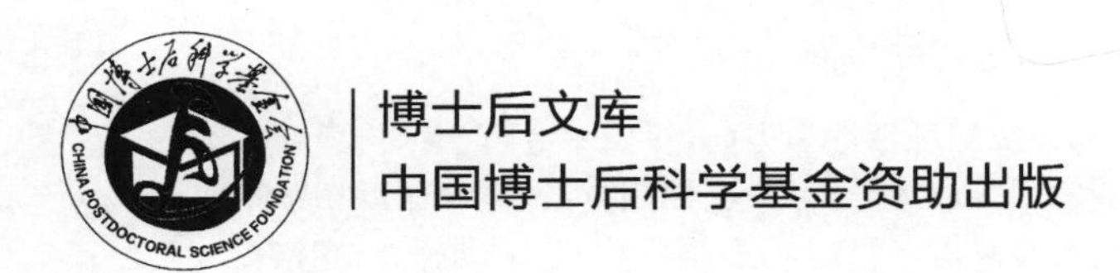

可变结构容错式电机系统研究

司宾强　著

科学出版社
北　京

内 容 简 介

本书以提高机电作动系统的可靠性为方向，提出一种可变结构容错式机电作动系统架构，并较为系统性地介绍架构、控制方法、可变驱动拓扑结构、故障诊断方法等。内容涉及机电作动系统、容错电机、驱动拓扑、容错控制，以及故障诊断等，具有较高的创造性和实用性。

本书可供电气工程、航空航天工程、机械电子工程等相关领域工程技术人员学习，也可作为高校相关专业本科生、研究生的教材。

图书在版编目(CIP)数据

可变结构容错式电机系统研究/司宾强著. —北京：科学出版社，2019.3
(博士后文库)
ISBN 978-7-03-060092-9

Ⅰ.①可… Ⅱ.①司… Ⅲ.①电机-研究 Ⅳ.①TM3

中国版本图书馆 CIP 数据核字(2018)第 288583 号

责任编辑：魏英杰 / 责任校对：郭瑞芝
责任印制：徐晓晨 / 封面设计：铭轩堂

科 学 出 版 社 出版
北京东黄城根北街 16 号
邮政编码：100717
http://www.sciencep.com

北京厚诚则铭印刷科技有限公司 印刷
科学出版社发行 各地新华书店经销
*
2019 年 3 月第 一 版 开本：720×1000 1/16
2020 年 9 月第二次印刷 印张：8 3/4
字数：175 000

定价：90.00 元
(如有印装质量问题，我社负责调换)

《博士后文库》编委会名单

《博士后文库》序言

1985年，在李政道先生的倡议和邓小平同志的亲自关怀下，我国建立了博士后制度，同时设立了博士后科学基金。30多年来，在党和国家的高度重视下，在社会各方面的关心和支持下，博士后制度为我国培养了一大批青年高层次创新人才。在这一过程中，博士后科学基金发挥了不可替代的独特作用。

博士后科学基金是中国特色博士后制度的重要组成部分，专门用于资助博士后研究人员开展创新探索。博士后科学基金的资助，对正处于独立科研生涯起步阶段的博士后研究人员来说，适逢其时，有利于培养他们独立的科研人格、在选题方面的竞争意识以及负责的精神，是他们独立从事科研工作的“第一桶金”。尽管博士后科学基金资助金额不大，但对博士后青年创新人才的培养和激励作用不可估量。四两拨千斤，博士后科学基金有效地推动了博士后研究人员迅速成长为高水平的研究人才，“小基金发挥了大作用”。

在博士后科学基金的资助下，博士后研究人员的优秀学术成果不断涌现。2013年，为提高博士后科学基金的资助效益，中国博士后科学基金会联合科学出版社开展了博士后优秀学术专著出版资助工作，通过专家评审遴选出优秀的博士后学术著作，收入《博士后文库》，由博士后科学基金资助、科学出版社出版。我们希望，借此打造专属于博士后学术创新的旗舰图书品牌，激励博士后研究人员潜心科研，扎实治学，提升博士后优秀学术成果的社会影响力。

2015年，国务院办公厅印发了《关于改革完善博士后制度的意见》（国办发〔2015〕87号），将“实施自然科学、人文社会科学优秀博士后论著出版支持计划”作为“十三五”期间博士后工作的重要内容和提升博士后研究人员培养质量的重要手段，这更加凸显了出版资助工作的意义。我相信，我们提供的这个出版资助平台将对博士后研究人员激发创新智慧、凝聚创新力量发挥独特的作用，促使博士后研究人员的创新成果更好地服务于创新驱动发展战略和创新型国家的建设。

祝愿广大博士后研究人员在博士后科学基金的资助下早日成长为栋梁之才，为实现中华民族伟大复兴的中国梦做出更大的贡献。

中国博士后科学基金会理事长

序

随着磁电材料技术和电力电子技术的快速进步，电机的控制越来越方便灵活，性能也越来越好。其功率重量比日益增大，使用维护日渐简化，制造效率也日趋提高。现代电机应用，通常与其电子电力驱动器一起组成电机系统，或者进而又与其减速传动机构一起组成机电作动系统。它们不但早已广泛用于国民经济的动力、自动化和智能化领域，而且大量地应用于国防安全重要领域。作战平台、舰艇、飞机的"多电化"乃至"全电化"成为追求目标。工作环境严酷、比功率要求很高的火箭、导弹飞行控制执行系统，也越来越多地采用机电伺服系统，并正面临发展重复使用航天运输系统的更高要求的挑战。电机系统或机电作动系统承担的任务越重要，发生故障造成的损失就越大。因此，如何提高其可靠性是各国竞相研究的热点。

电机系统或机电作动系统融合了机械、电磁、电力电子、控制、测量等多学科技术，如应用于航空航天领域，在严酷力学环境中，体积小、重量轻的限制下，运行于高速、高温、重载、变工况等环境，要实现高可靠仍然是一项难题。赋予每个传统组成单元高设计裕度，并致力于其"至善尽美"的高品质和高可靠度，可以提高系统的可靠性，但效果有限且投入大。基于传统组成单元的冗余配置，应用余度容错理论，设计出"有表决有切换"或"有表决无切换"的多余度系统，可以用普通单元组成高可靠系统，但有时会遇到体积、重量不适应和投入过大的问题。在一个电机壳体内，利用多相绕组与功率电子电路的融合设计，实现可变结构容错式电机系统，是一种突破传统电机及其驱动器格局的提高电机系统可靠性的新思路，并且这样的容错式高可靠电机结构紧凑，依然可以称得上体积小、重量轻。电机及其驱动系统的可变拓扑结构与容错技术是本学科研究的前沿问题之一。

该书作者从博士期间就开始研究容错电机系统、可重构容错式驱动拓扑结构、容错控制算法等，尤其是在博士后期间联系航空航天应用实际取得了不俗的成果，发表相关论文十余篇，申请发明专利十多项，积累了丰富的理论和实践经验。该书就是在他的博士后出站报告的基础上加入相关发明专利的一些内容形成的，可说是多年研究成果的集中展现。

该书以提高机电作动系统的可靠性为方向，提出一种可变结构容错式机电作动系统架构，并较为系统地论述可变结构容错的系统架构、变结构控制方法、可变驱动拓扑结构、故障诊断方法等。作者从通俗形象的木桶短板限容原理说起，将电机系统实现高可靠性分解为各个关键部件可靠性，密切联系实际，引用组成单元的故障率统计数据。特别是，利用世界知名航空航天供应商的相应数据，定量比较了多种提高可靠性方案的效果。进而,展开经深入研究并蕴含创新成果的容错电机等。论述由浅入深,理论联系实际,内容充实,有新意。书中阐述的机电作动系统可变拓扑结构及其容错技术方面的创新研究成果,在国内是先行、先进的。该书对本学科发展有贡献,而且对于像航空航天那样国家重大装备所需同时要求高比功率和高可靠的应用,尤其具有重要意义。

作为作者博士后期间合作导师之一,我非常愿意向有兴趣的读者推荐此书,希望有所助益,引发讨论,促进研究。

中国工程院院士

前　言

本书在博士后出站报告的基础上成稿，并加入了一些相关发明专利的内容。编写的目的是把自己的成果分享给读者，希望能够帮助读者少走弯路，使读者能快速进入可变结构容错式电机系统的相关领域。因此，本书主要以可变结构和容错，以及故障诊断三大块为主线，从比较贴近工程需要的角度展开叙述。对于较为专业的机电作动器、电机及控制器设计与制造技术、理论问题，不在本书的讨论范围之内。当然，学习本书的同时，带着问题再去学习相关知识，效果也许更好。

内容编排方面，采用先总体、再细分的方式。读者依序了解各部分后，即可对可变结构容错式电机系统有较为全面的认识。为了便于学习，会在相关章节介绍基础知识，再介绍复杂功能的算法，让读者对类似系统也能快速掌握要领，并起到一定的参考与指导作用。

本书首先介绍可变结构容错式电机系统及其在机电作动系统中的应用，让读者先对相关知识有个整体认识，然后介绍怎样在永磁容错电机的基础上实现可变结构式容错电机及其容错控制方法，接下来介绍为实现电机系统可变结构所需的几种驱动拓扑结构，让读者对可变结构式驱动拓扑能够快速掌握其精髓，进而介绍基于数学计算的故障诊断方法，最后介绍相关试验所需的软硬件设计及平台搭建。

限于作者水平，书中难免有不妥之处，恳请读者不吝赐教、指正。

作　者

目　录

第1章　绪　　论

1.1　研究背景及意义

作动系统作为飞行器的关键执行部件，其动力源经历了人力、机械、液压/气压、电静液和全电力形式的发展过程[1,2]。如今飞机上常用的作动系统如图 1.1[2]所示。在大多数飞行器上，超大功率作动器是以液压作动系统为主，中等功率是以电液作动器为主，机电作动系统为辅助。但是，随着高可靠性、高功率密度电机及其驱动系统的发展，机电作动系统逐渐替代液压作动系统，成为飞行器上的主要甚至全部执行机构。对飞行器而言，机电作动系统的主要优点是消除了中央液压供给系统，以及分布全身的泵和管路系统，密封性要求不高，使飞行器体积更小、功能更加集成，加工制造成本更低、周期更短，从而大大降低飞行器的研发成本和周期。

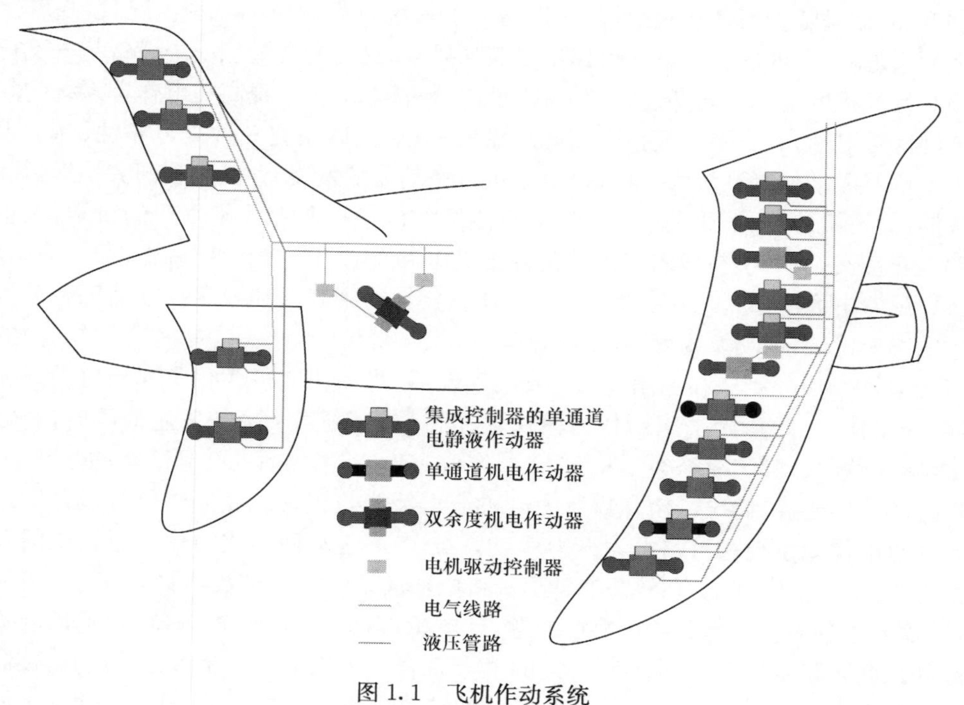

图 1.1　飞机作动系统

为了减小飞行器体积，减轻飞行器重量，机电作动系统已成为当前研究热点。这可从欧美等国家和地区 20 世纪 90 年代提出的多电/全电飞行器计划看出端倪。多电飞行器[2-7]（more electric aircraft，MEA）在提高其可靠性、可维修性、战场生存力、隐身能力、减轻自身体积和重量等方面拥有诸多优点，引起世界各国研究人员的广泛关注，并成为当前和未来飞行器的发展方向，其最终发展目标就是全电飞行器。所谓全电飞行器[8-11]（all electric aircraft，AEA），是一种用电力能源系统全部取代原来的液压、气压和机械系统的飞行器，所有的次级功率均用电的形式分配。作为全电飞行器的过渡过程和产物，多电飞行器是用电力系统部分取代次级功率系统的飞行器，是当今国内外军用和民用飞行器发展的一个主流方向[3-11]。

机电作动系统作为多电和全电飞行器的主要执行机构，事关飞行器功能和性能的可实现性，同时作为飞行器的关键部件，机电作动系统的安全性和可靠性，事关整个飞行器的安全性和可靠性[12-15]。因此，机电作动系统的安全性和可靠性成为当前关注和研究的热点。为了提高机电作动系统的安全性和可靠性，传统上采用多余度技术[16]，又称为冗余备份技术，即采用多套相同功能的机电作动系统相互协调工作，从而正确地、准确地服从飞行控制计算机的指令，完成指定的动作。这种多余度技术可以在一定程度上提高飞行器的安全性和可靠性，但是并非余度越多越好，因为随着余度和安全系数的提高，作动系统的重量、体积和复杂度成比例增加，而且随着器件数量的增多，也增大了系统发生故障的概率。况且，随着余度的增加，对余度的管理策略也提出更高的要求，这无疑会增加上层设备——飞行控制计算机的负担和复杂度，使其可靠性降低。因此，为了提高机电作动系统的安全性和可靠性，在克服余度技术相应缺点的基础上，以研究一种高可靠性、高功率密度电机驱动控制系统为目标，这对于机电作动器的发展，尤其是我国大推力运载火箭、大飞机计划、第四/五代军机、新型舰载机的发展具有非常重要的科学、工程和现实意义，成为摆在国内广大相关科研工作者面前的一个重要课题和研究方向。

随着电力电子[17]、高磁能积的永磁体、材料、精密制造和数字控制器等相关技术的飞速发展，高功率密度（高功率重量/体积比）、高可靠性（具有容错[18]能力）的多相电机[19,20]的制造和控制技术得到飞速发展，将多相电机各相及其相应的逆变器（采用独立 H 桥驱动拓扑）作为模块化[21,22]技术，当某个模块发生故障时，经过故障诊断算法，确定故障类型和大小，并定位故障位置，然后在切除故障的基础上，进行故障容错控制算法，使容错后的电机输出性能与正常时相同。电静液作动系统和机电作动系统均可归类为电力作动系统[23]。这两种形式的作动系统中的关键部分是电机及其驱动系统。通常提高机电作动系统的电机及其驱动系统的可靠性，需要细分为三个部分的可靠性问题，即电机本体、驱动器、控制器（故障诊断策略和控制策略），这三个部分缺一不可，相互依存。电机本体和驱动器是基础，控制器是关键。可靠性[24]隐含的就是要在设备或者软件发生故障时，通过改变一定的硬件或者软件(功能重构),使整个系统继续保持输出性能不变或者降低性能工作,即意味这个系统能够容忍一定错误的发生,通过采取相应的容错控制策略,使整个系统可靠运行。

1.2　可变结构容错式电机系统研究现状

一个系统的可靠性依赖于各个组成部分的可靠性。可变结构容错式电机系统主要由容错电机本体、驱动拓扑、容错控制策略、故障诊断策略四个部分组成,如图1.2所示。下面分别阐述容错电机系统的研究现状。

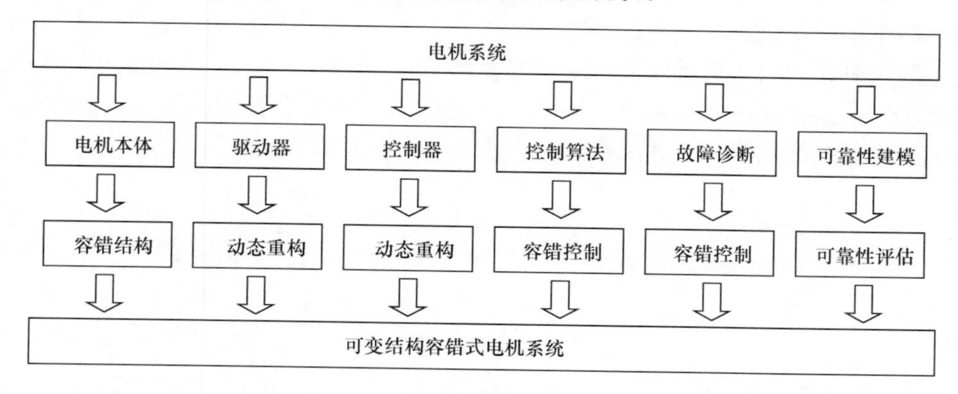

图1.2　可变结构容错式电机系统

1.2.1　容错电机本体研究现状

为提高电机本体的可靠性和容错能力,主要有开关磁阻电机(switched reluctance machine)、定子永磁容错电机和转子永磁容错电机这三种结构类型。它们都只有定子侧绕组,取消了直流电机中的励磁绕组,从而可以消除励磁绕组引入的故障,使电机的可靠性得到大幅度提升。

开关磁阻电机具有高可靠性,只有定子侧绕组,转子和定子采用双凸极结构,转子上无励磁绕组和永磁体。与其他容错结构的电机相比,开关磁阻电机在容错性和可靠性方面非常突出,而且其转子结构非常简单[25-27],因此适合应用在高速场合。由于无永磁体,因此使开关磁阻电机的功率密度不高,限制了其在航空航天领域的应用。在电机性能上,开关磁阻电机的定转子采用双凸极结构,定子绕组为集中式,因此可以消除堆叠式各相绕组相互重叠的弊端,增加各个绕组工作的独立性和可靠性。美国Stephens教授最早研究了四相开关磁阻电机的(开路或者短路)故障诊断技术和故障容错性能[25]。但是,其所研究的开关磁阻电机的机械结构为相对的定子极串联成一相,各相之间的物理、电气、磁路独立,当检测某一相发生故障，并将其从系统中隔离开时，并不影响其他相正常工作，电机仍然可以正常运行，因为没有采用故障容错策略，其平均转矩有所下降，而且转矩脉动也会变大。为此，英国 Miller 教授研究采用独立绕组结构的开关磁阻电机，即每极的绕组分别与驱动电路连接，如图 1.3(a)所示[28]。当某一极的绕组发生故障时，因为相对极上绕组产生的转矩相同，所以可用故障相的相对相(在电流不饱和的前提下)提供原来两倍转矩，弥补发生故障后转矩的下降和转矩脉动的增加。但是，这种情况下的电磁力不平衡[28-30]，在高速运转情况下，会加大轴承的磨损，降低使用寿命。为解决转子所受电磁力不平衡的问题，Miller 又提出双绕组结构的开关磁阻电机，即每个定子绕组齿上有两套绕组，分别与空间上相对的另外一个定子绕组齿上的两套绕组串联，形成绕组的双余度结构，如图 1.3(b)所示[28]。为了进一步研究开关磁阻电机在绕组短路和匝间短路时的容错性能，美国 Lequesne 教授采用新颖的电磁场和电路耦合仿真技术[31]来分析开关磁阻电机驱动系统的磁路和电路性能，为电机驱动系统性能分析和故障分析提供了一个新思路。

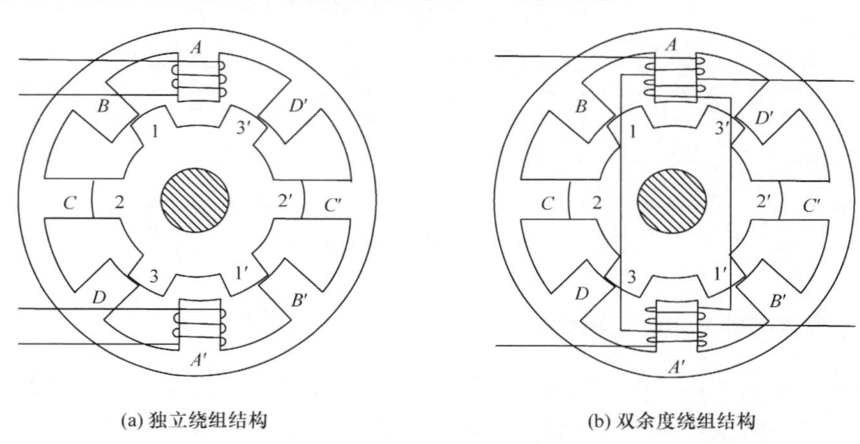

(a) 独立绕组结构 (b) 双余度绕组结构

图 1.3 开关磁阻电机绕组结构

随着永磁体磁能积和制造技术的提高，为提高开关磁阻电机的功率密度，Rauch 和 Johnson 提出将永磁体置于电机定子的新型电机[32]。根据永磁体安装位置的不同，国内外学者研究的三类定子永磁式电机主要有双凸极永磁(doubly salient permanent magnet，DSPM)电机、磁通反向永磁(flux reversal permanent magnet，FRPM)电机和磁通切换永磁(flux switching permanent magnet，FSPM)电机，如图 1.4 所示。

1992 年，美国 Lipo 教授提出 DSPM 电机[33]，在结构上，其将永磁体嵌在定子轭部，如图 1.4(a)所示。DSPM 电机不仅具有开关磁阻电机结构简单的优点，还具有无刷直流电机高功率密度的优点，因此受到国内外学者的广泛关注[34-39]。

1996年,罗马尼亚 Boldea 教授提出 FRPM 电机结构[40-42],将永磁体镶嵌在定子齿端,如图1.4(b)所示。在此基础上,山东大学开展了此类电机的研究[43,44]。研究表明,FRPM 电机永磁体安装在定子齿端部存在以下缺点:增加了气隙的长度,造成气隙磁通量密度较低,且使电机的体积增大,功率密度不够;电枢绕组和永磁体的磁通是级联关系,在大电流情况下,存在永磁体消磁的危险。

1997年,法国 Hoang 教授提出 FSPM 电机[45],在结构上,将永磁体植入定子齿内部,如图1.4(c)所示。英国谢菲尔德大学 Zhu 教授基于非线性自适应集中参数磁路模型,对 FSPM 电机的电磁特性[46]进行了详细分析。在国内,东南大学[47,48]、浙江大学[49]和山东大学[50]等进行了更为深入细致的研究。

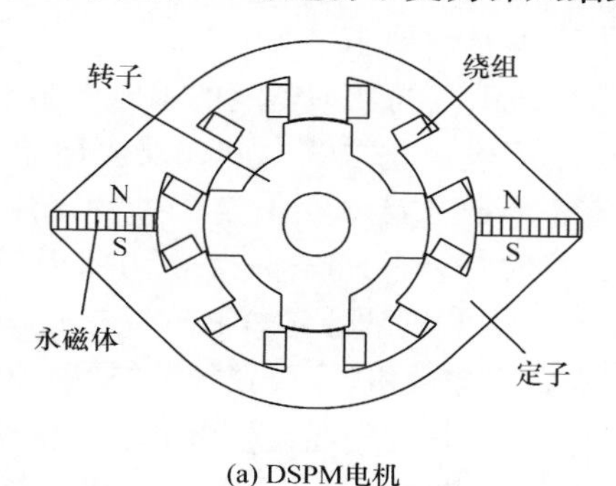

(a) DSPM电机

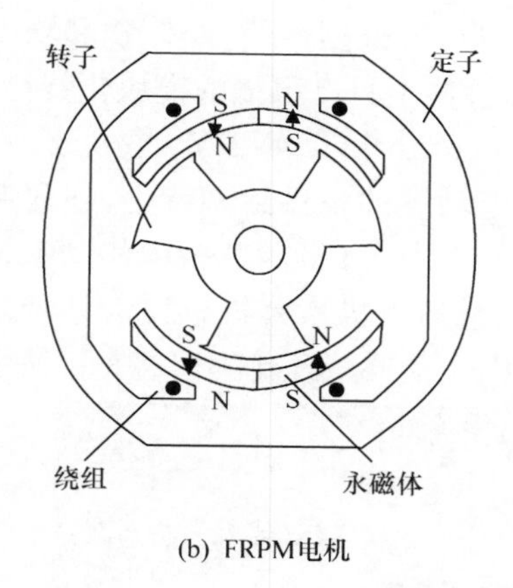

(b) FRPM电机

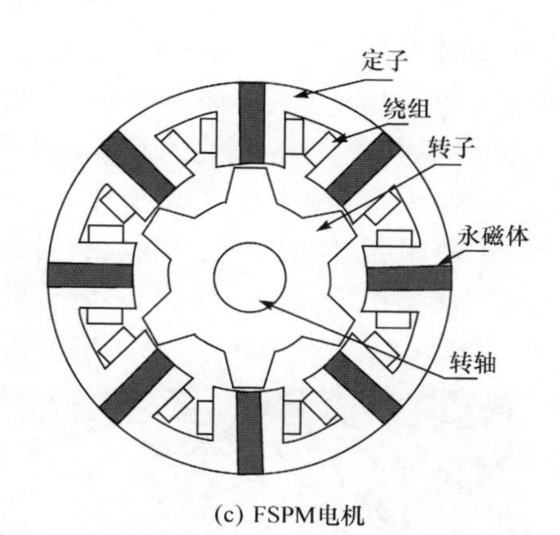

(c) FSPM电机

图1.4 定子永磁式电机

上述三种定子永磁式电机与开关磁阻电机的定转子都采用双凸极结构和集中式绕组。这三种永磁式电机将永磁体置于定子,具有结构简单、适合高速运行、容错性能好等共同优点,而且其气隙磁通量密度比开关磁阻电机高,相应的功率密度也会比开关磁阻电机高。东南大学程明教授[51,52]将这三种定子永磁式电机进行了对比,得出 FSPM 电机在转矩密度、效率、反电势波形正弦度等方面的性能较

DSPM、FRPM 电机更为优越的结论，因此具有更大的研究和实用价值。为了提高 FSPM 电机的容错性能，文献[53]，[54]提出并对比研究了三种容错式 FSPM 电机，各相之间在物理上、热量上、磁路上、电气上做到了近似完全解耦，但它们的磁链和反电动势不完全对称，容易造成输出转矩脉动较大。

由文献[55]，[56]对比可知，相同体积和铜耗下，开关磁阻电机和定子永磁式电机具有较高的容错性能，但不管是正常工作，还是在开路故障和短路故障情况下，其反电势波形的正弦度、平均转矩和转矩脉动性能，以及功率密度等各方面性能都没有转子永磁电机高，因此很少应用在要求功率密度比较高的航空、航天等领域。普通的转子永磁式电机(永磁无刷电机)具有很高的功率密度。为了使其更好地满足航空、航天等领域的高可靠性要求，20 世纪 80 年代，德国慕尼黑联邦国防军大学 Bausch 教授将容错思想引入高功率密度的永磁无刷电机，首次提出(转子)永磁式容错电机(绕组采取单层模块化方式)，并成功应用于 1MW 永磁发电机上(该电机定子内径 1.3m，定子有效长度 0.5m，定子冲片采用 0.1mm 厚度的硅钢片)[57]。1996 年，英国纽卡斯尔大学的 Mecrow 教授在此基础上进一步优化结构，研制了一台 16kW 六相永磁容错电机的原理样机[58]；在此基础上，又进行优化设计了一台相同功率的四相永磁容错电机，在开路故障、短路故障运行、功率比较、损耗及应用等方面进行了研究，并将其应用在飞机电动燃油供给系统上，如图 1.5 所示[59-61]。这种容错式永磁电机的各相在物理、电气、磁路、热量上近乎完全解耦，相互之间几乎没有影响，每相都可以看作一个单相电机，根据容错性、体积和功率要求等可将几相拼接在一起，且每相在结构和运行性能上具有很强的模块化特征，因此经常将其称为模块化永磁(modular permanent-magnet，MPM)电机[62-65]。Mecrow 教授课题组不仅将该种电机应用于飞机电动燃油泵供给系统上，还研制了 12 槽 10 极拓扑结构的三相永磁容错电机，将其应用于飞机襟翼机电作动系统和飞机起落架机电作动系统[66]。基于永磁容错电机的飞机襟翼机电作动系统采用 3.4N · m、10 000r/min 三相永磁容错电机，其中作动器减速比为11 800。该系

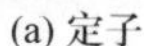

(a) 定子

(b) 转子

图 1.5　16kW 模块化永磁电机的定子和转子[59]

统验证平台及驱动拓扑结构,如图 1.6 所示。基于永磁容错电机的飞机起落架机电作动系统采用 12N·m、1000r/min 双三相永磁容错电机。该系统如图 1.7 所示。

(a) 验证平台

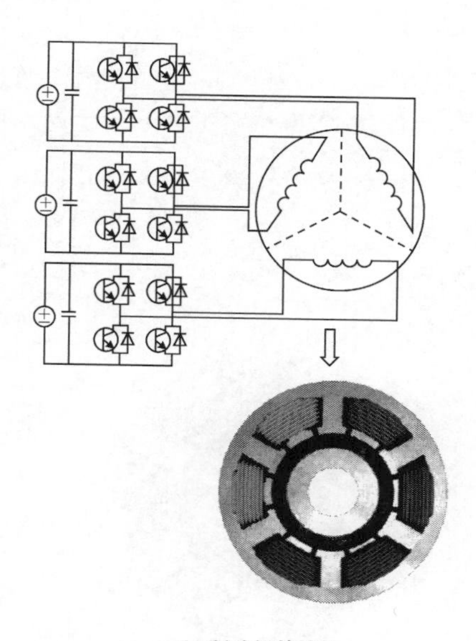

(b) 驱动拓扑结构

图 1.6 基于三相永磁容错电机的飞机襟翼机电作动系统[66]

自从 Bausch 教授提出这种具有容错性能的高功率密度模块化永磁电机结构以来,美国威斯康星大学的 Lipo 教授、Jahns 教授,以及英国谢菲尔德大学的 Wang 教授、Zhu 教授和 Howe 教授等国际著名学者,对这种类型的电机进行了深入且细致地研究,并将其应用到不同的领域[62,67]。

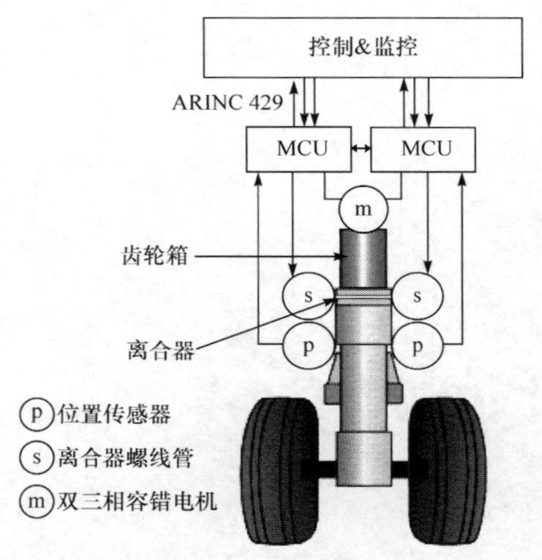

(a) 基于双三相永磁容错电机的飞机起落架机电作动系统功能结构

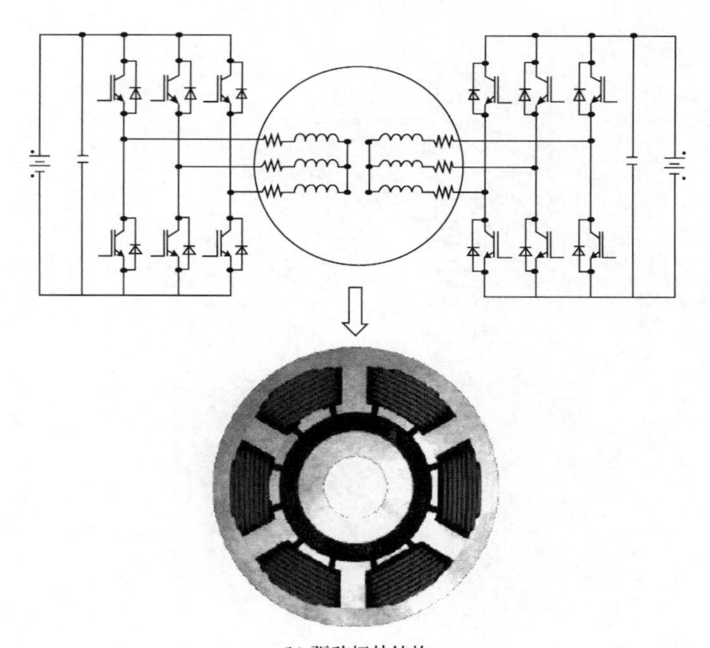

(b) 驱动拓扑结构

图 1.7　基于双三相永磁容错电机的飞机起落架机电作动系统[66]

与之相比，国内对模块化永磁电机的研究起步较晚，对这种电机开展研究的单位有清华大学、西北工业大学、南京航空航天大学、江苏大学等。文献[68]探索了适用于电力作动系统的永磁容错电机及其驱动拓扑结构。文献[69]对 1kW 四相容错电机进行了参数设计、容错机理分析和实验等工作。文献[70]只研究了 1kW 四相容错电机的 SVPWM 的控制，没有研究故障状态下的容错策略。文献[71]研制了六相 750W 原理实验样机，并进行了容错故障分析和实验研究。清华大学朱纪洪教授课题组于 2008 年研制了一款具有容错结构的 1kW 四相永磁容错电机，并成功应用于某型电动作动系统。2012～2014 年，司宾强博士在新研制的 16kW 四相永磁容错电机的基础上进行了开路、短路故障容错，并提出一种双电源可重构式驱动拓扑结构，以及转矩脉动抑制等[72]。

1.2.2　驱动电路拓扑结构研究现状

由文献[2]可知，相对电机本体来说，驱动电路发生故障的概率较高，因此驱动电路的可靠性和容错性能将直接影响整个电机系统的可靠性和安全性。驱动电路的故障一般主要有单个功率管短路、上下管直通短路、单个功率管开路和单相开路等，如图 1.8 所示[73]。

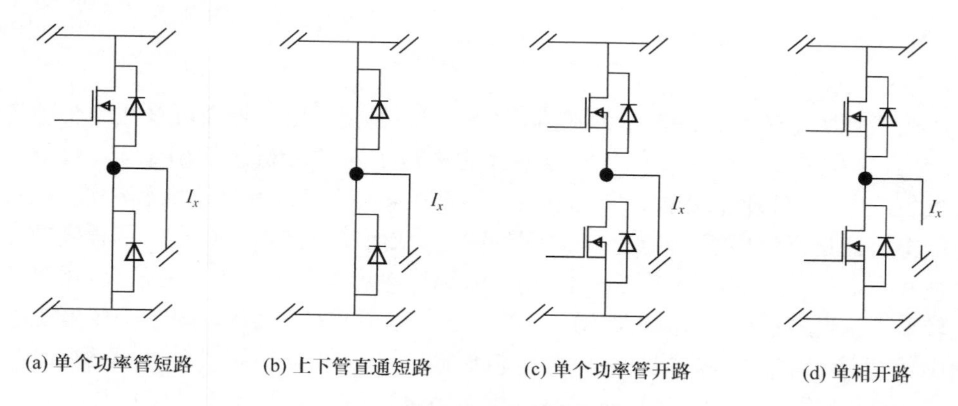

图 1.8　驱动拓扑故障类型[73]

一般而言，为了提高电机驱动系统的可靠性，在发生故障时，为了避免故障蔓延影响其他非故障相，首先需要把故障隔离或者切除，然后再考虑提高可靠性的方法。为了提高系统可靠性，通常采用冗余技术[15,74-76]（冗余基础上的重构技术[77]）和提高单个元件可靠性。冗余技术包括器件（开关、功率管等）冗余、相冗余、级联驱动（又称独立 H 桥驱动）等。

国外学者很早就开始研究采用冗余技术来提高电机驱动系统的可靠性和安全性。1980 年，美国威斯康星大学的 Jahns 教授提出采用 N 相驱动拓扑结构来驱动 $N-1$ 相电机，如图 1.9 所示。这样当其中一相发生故障时，将其从驱动系统中切除，并启用备用相来接替故障相的工作，从而提高整个电机系统的可靠性，保证电机继续工作[74]。这种相冗余技术的优点是使驱动系统的可靠性和容错性得到提高，缺点是使驱动系统更加复杂，不但使驱动系统体积和成本增加，而且为了能够检测出故障，并切除故障和启用备用相，还需要增加检测器件，同时对控制器的运算和处理能力要求也很高。

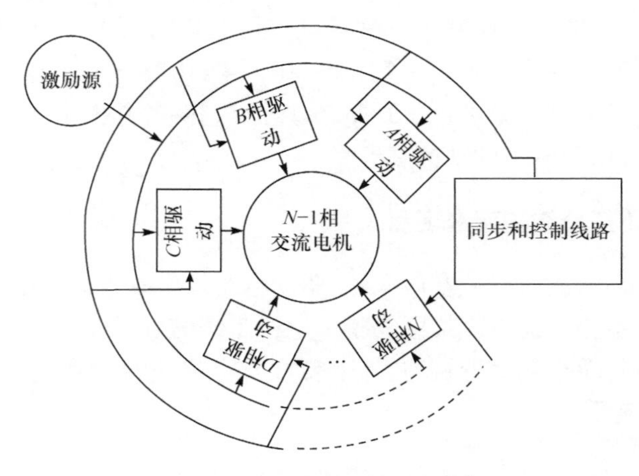

图 1.9 相冗余驱动拓扑[74]

为了克服上述相冗余技术的缺点，美国 Lipo 教授提出几种高可靠性的驱动拓扑结构，并在文献[73]中对它们的容错性能进行了对比分析。如图 1.10(a)所示为发生故障时，打开连接电机绕组中性点的开关，将其与直流母线电容相连，可将中线电流流进母线电容，实现各相之间的独立，从而使驱动系统具有一定程度的容错性和可靠性。在这种驱动拓扑中，用直流母线电容作为中线电流的回路，可控性比较差。因此，文献[78]提出如图 1.10(b)所示的驱动拓扑结构，用一个桥臂来控制中线电流的流向，容错性和可靠性相比图 1.10(a)驱动拓扑结构更加优越。图 1.10(a)和图 1.10(b)这两种驱动拓扑结构只适用于星形连接且将中性点引出的电机，因此存在一定的局限性。为此，文献[75]和[79]提出桥臂冗余驱动拓扑结构，如图 1.10(c)所示。冗余桥臂通过三个双向可控硅分别连接到三相绕组上，当检测到逆变器某个桥臂发生故障后，将其隔离开并打开冗余桥臂的双向可控硅，使冗余桥臂完全代替发生故障的桥臂，这样故障容错后的电机性能和故障前性能完全相同。上述三种类型的驱动拓扑结构并不是真正意义上的容错式驱动拓扑，因为它们只能针对特定的故障和电机，而且电机各相之间在电气和磁路上没有做到完全独立，因此容错性能有限。由前述可知，永磁容错电机本体各相之间在电气、磁路、热量和物理上近似完全解耦和独立，而电机本体和驱动系统是密不可分的两部分，为了充分发挥永磁容错电机的容错性能，也需要驱动拓扑结构在电气上保证

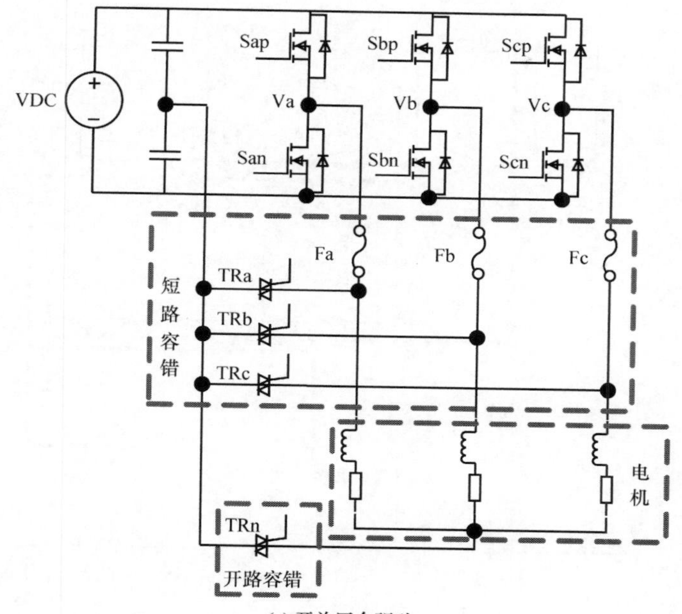

(a) 开关冗余驱动

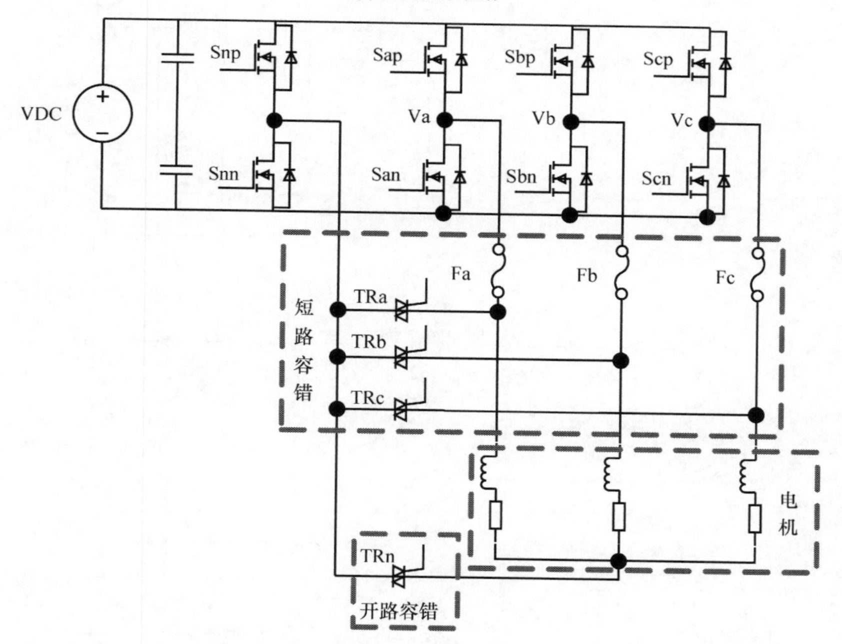

(b) 双开关冗余驱动

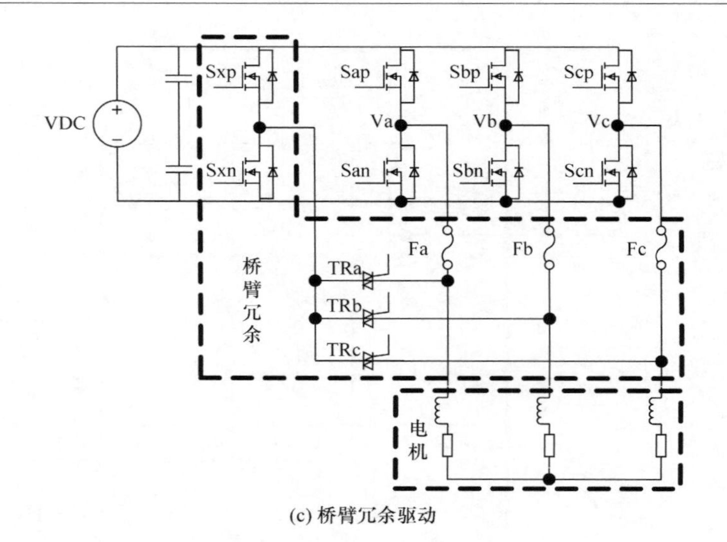

(c) 桥臂冗余驱动

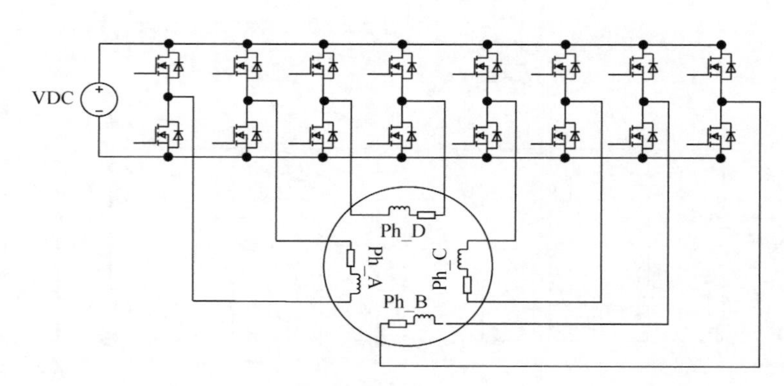

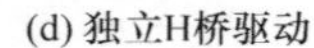
(d) 独立H桥驱动

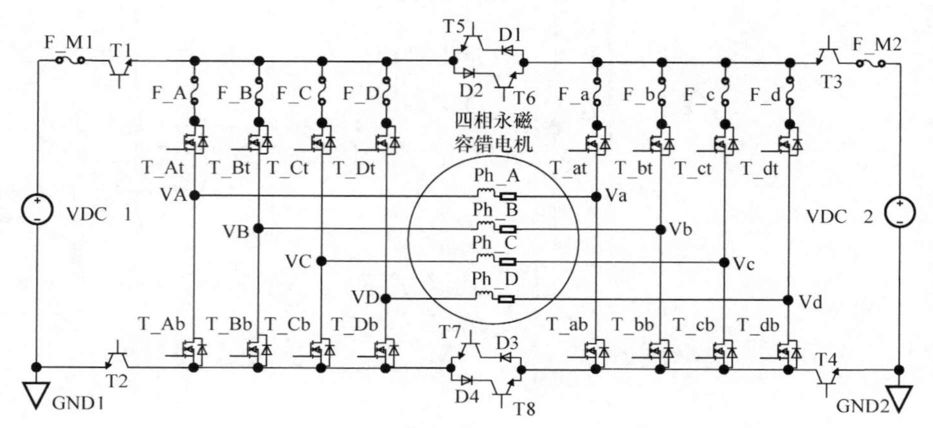

(e) 双电源可重构容错式驱动拓扑结构

图 1.10　容错式驱动拓扑结构

电机各相之间相互解耦。为此，文献[58]和[80]提出各相绕组采用独立H桥驱动的容错式驱动拓扑结构，如图1.10(d)所示。在这种结构中，各相绕组完全独立，不受各相电流之和为零的约束，使各相电流控制非常灵活。当某相发生故障时，可以灵活控制其他非故障相的电流幅值和相位，使旋转磁动势近似为圆形，这样在忽略磁饱和与损耗的前提下，可以保证电机输出额定平均转矩，且转矩脉动不大。为了进一步提高独立H桥驱动拓扑结构的可靠性和容错能力，清华大学的司宾强博士于2014年提出一种双电源可重构容错式驱动拓扑结构[72]，通过重构开关可以灵活配置为双供电系统或一个供电系统，如图1.10(e)所示。这种拓扑结构只比独立H桥驱动拓扑多了几个开关器件，能够对电源和驱动拓扑上的保险丝、重构开关、功率管的开路和短路故障进行容错。

文献[80]对电机驱动器中用到的功率管[绝缘栅双极晶体管(insulated gate bipolar transistor, IGBT)或金属氧化物半导体场效应晶体管(metal-oxide-semiconductor field-effect transistor, MOSFET)]、双向可控硅，以及电容的失效率采用马尔可夫链方法进行了分析研究，并对比分析了双开关冗余驱动、桥臂冗余驱动、独立H桥驱动等几种驱动拓扑结构的可靠性。另外，文献[77]提出在桥臂冗余基础上的可重构容错式驱动拓扑结构，文献[82]提出容错矩阵拓扑结构。这两种容错拓扑结构完全能够提高驱动系统的容错性和可靠性，但是不太适合要求简单且可靠，体积、重量、能源均受限的航空航天领域。清华大学赵争鸣教授[83]、浙江大学贺益康教授[84]、东南大学程明教授[85]、西北工业大学齐蓉教授[68]、南京航空航天大学胡育文教授[86]、空军工程大学李颖晖教授[87]等在容错式驱动拓扑结构方面也进行了深入的原理分析和应用研究。

1.2.3 容错控制算法研究现状

容错控制算法与电机本体，以及驱动器拓扑结构是密不可分的。电机本体和驱动器是基础，容错控制算法是上层建筑，关乎整个容错控制系统的性能和效果。对于不同的故障类型和驱动拓扑结构，容错控制算法也有些许区别。为了掌握容错控制算法的研究现状，首先对故障进行分类。永磁容错电机本体的故障类型[88]主要有绕组开路、出线端短路、匝间短路、相间短路等故障。为了使容错控制方法具有通用性，当检测到发生单个功率管开路故障时，可将其所在的整个桥臂或整个H桥上的其他功率管也关闭，因此本书将单个功率管开路和绕组开路统称为开路故障。另外，在设计的驱动器中有保险丝，当驱动器发生单个功率管短路和上下管直通短路故障时，保险丝会烧断，也相当于发生开路故障。由文献[88]可知，当发生绕组匝间短路故障时，短路电流是发生出线端短路故障电流的N(绕组匝数)倍。为了防止电机烧毁，通过对电机的特殊设计，使其自感增大，具有抑制短路电流过大的能力，使短路电流控制在额定电流附近，因此本书将匝间短路、相间短路和出线端短路故障统称为短路故障。这样在进行故障容错时，可以只进行开路和短路故障这两类容错控制策略（算法）研究。

电机是一种能够完成机电能量转换的设备，而进行机电能量转换的场所就是定子和转子之间的气隙。电机能够运转主要是转子磁场和定子绕组电流产生的磁场在气隙中进行相互作用的结果。因此，气隙磁场的圆度影响旋转电机的输出性能。永磁容错电机的转子采用高磁能积的永磁材料，产生的磁场相对稳定，故气隙磁场的性能主要受定子电流的影响。正常运行时，电机定子各相电流合成一个旋转圆形磁动势（磁场），与转子磁场相互作用，使电机能够平稳输出。当发生故障后，剩余相电流合成的不再是一个旋转圆形磁动势（磁场），使电机输出不够平稳。为了使电机输出平均转矩和转矩脉动都满足系统要求，必须对剩余相电流的幅值和相位进行控制，使剩余相最终合成的磁场与正常时的旋转圆形磁场一样，这样故障前后都能输出相同的平稳转矩，从而实现故障容错运行。因此，容错控制运行的指导原则就是在发生故障后，通过对剩余各相绕组电流幅值和相位施加相应的容错控制策略来合成与正常时相同的旋转圆形磁场，从而减少故障后对输出平均转矩下降和转矩脉动增加的影响，使电机满足正常工作需求，减轻对后续设备和环境的影响。

在保持故障前后旋转圆形磁场不变容错策略方面，20 世纪 80 年代美国 Lipo 教授，将其先后成功应用于感应电机和磁阻电机故障容错[89-90]。国内，清华大学、浙江大学、南京航空航天大学、东南大学等对这种方法也进行过深入研究[83-87,91,92]。

此外，文献[93]在保证转矩和功率不变的前提下，提出一种转矩优化控制方法，能够使容错控制后的转矩脉动和铜耗最小。文献[94]基于瞬时功率守恒原理，提出一种用于开路故障容错的转矩补偿优化控制方法，通过控制剩余相的电流能够补偿开路相的转矩损失，并使转矩脉动和铜耗最小。文献[95]提出一种自适应电流容错控制方法，能够减小发生开路故障时的转矩脉动，以达到开路故障容错的目的。文献[96]提出一种用于简化产生开路故障容错优化参考电流的矢量方法，能够使开路故障前后保证转矩不变，且铜耗能够降到最低。

1.2.4 故障诊断算法研究现状

为了提高整个机电作动系统的可靠性，通常采用余度技术和提高关键部件的可靠性。随着机电作动系统的功能越来越强大，其结构规模越来越大，控制算法也越来越复杂。因此，可用性、成本效率、可靠性、操作安全和环境保护等都是非常重要的问题。这些问题不但对安全要求高的系统非常重要，如核反应堆、化工厂和飞机等，而且对汽车、高铁等先进系统也非常重要。对安全要求高的系统来说，故障的后果对人类和环境都可能产生非常严重的影响，同时会造成巨大的经济损失。因此，为了提高这些安全高要求系统的可靠性，在线监控和故障诊断（fault diagnosis，

FD)的需求持续增长。早期研究主要关注的是避免哪些能够造成系统崩溃、任务终止和失败的故障。对普通系统来说，在线故障诊断可以用来提高工厂效率、可维护性、可用性和可靠性。实际上，工业部门正开始重新考虑使用预测维护工具，也在寻找替代方法来保证工厂的可用性和安全性，同时降低工厂停工和设备的维修费用。为了掌握系统运行状态，并制定可执行的真实维修计划，必须考虑采用现代故障诊断方法。

与电液作动系统相比，机电作动系统具有加工简便、成本低、密封要求低、无泄漏、噪声低等优点，但是存在系统结构规模大、控制算法复杂、器件数量多等缺点。为了提高机电作动系统的可靠性和安全性，通常采用余度技术，这样就使整个机电作动系统规模更庞大、控制算法更复杂、器件数量更多。为了更好地发挥余度部件的功能和性能，同时提高整个系统的可靠性和安全性，需要对整个系统各个功能部分进行实时监控，进行在线故障检测、隔离、识别和容错，使故障容错后的整个系统功能和性能与正常时无变化或者相差无几。

故障诊断技术是随着监控系统的需要而发展起来的[97]。随着计算机技术和控制技术的飞速发展，被控系统的复杂程度不断提高，相应地对其可靠性和安全性的要求也越来越高，因此对系统进行及时的故障诊断与排除越来越重要。评价一个故障诊断系统的性能指标主要包括故障诊断的及时性、早期故障诊断的灵敏度、故障的误报率和漏报率、故障定位和故障评价的准确性、故障诊断系统的鲁棒性等[98]。故障诊断的方法大致可以分为基于模型的方法、基于信号处理的方法和基于知识的方法[98]。其中发展最早、研究成果最多、技术最成熟的就是基于模型的故障诊断方法(model based fault diagnosis)[99]。这种方法具有深厚的理论基础和较强的可实现性，因此在故障诊断技术领域占据重要地位，在今后的发展中依然会是故障诊断技术研究的主要方向。

基于模型的故障诊断方法主要由两大核心部分组成，即残差生成器和决策器。残差生成器主要用来产生表征系统有故障发生的残差信号，其利用合适的算法对系统的输入输出进行处理，产生相应的残差函数。残差生成器最常用的就是观测器(滤波器)法，根据不同的要求，可以采用线性或者非线性观测器，全阶或降阶观测器，以及确定的或自适应观测器等[100]。决策器主要根据残差和合适的判定规则进行决策，区分出不同的故障种类，从而实现故障隔离功能。决策器实际上是一个决策制定过程，通过决策函数或决策逻辑判定故障是否发生。通常残差评价过程分为三个阶段。

① 选择残差评价决策函数，确定阈值。

② 计算残差评价决策函数。

③ 将阈值与决策函数值进行比较，进而检测、诊断或分离故障，即比较决策函数 $J(r)$ 和阈值 J_{th}，如果 $J(r)>J_{\mathrm{th}}$，则表明有故障发生；如果 $J(r)\leqslant J_{\mathrm{th}}$，则表明没

有故障发生。

如表 1.1 所示为比较常用的几种基于模型的故障诊断方法在民用航空中的应用,并对故障诊断方法的优缺点进行了对比。通过表 1.1 可以对常用方法的应用范围、项目经验、优缺点等一目了然,便于在后续工作中选用合适的故障诊断方法。

表 1.1　民用航空故障类型及其诊断方法效果对比

方法	故障类型	优势	缺点
伦博格观测器	加速度传感器比例系数的偏置、死区[101,102]; 速度传感器偏置[103]; 升降舵和俯仰角速度传感器偏置[104,105]; 控制舵面失效、锁死[106]; 方向舵或推力偏置[107]; 飞控舵面振荡[108,109]	误警率小; 检测周期短; 对模型不确定性的鲁棒; 多故障同时隔离	计算复杂; 未建模干扰不易区分
卡尔曼滤波器	发动机传感器故障[110]; 副翼锁死[111]; IMU/INS 偏置[112]; 机电飞控舵面传感器偏置[113]	误警率小; 检测周期短; 对模型不确定性的鲁棒; 多故障同时隔离; 考虑高斯测量噪声和状态扰动	线性的模型; 噪声服从高斯分布
粒子滤波器	IMU 传感器偏置[114]	可用于非线性模型; 非高斯噪声也可以处理	计算量巨大; 需要知道噪声统计分布
H_∞滤波器	方向舵失效[114]; 升降舵和油门失效[115,116]; IMU 或方向舵偏置[117]; 俯仰角传感器间歇偏置[118]	对干扰鲁棒性强; 可估计出故障程度	限于线性或线性参数可变模型; 保守设计
滑模观测器	IMU 或 ADS 偏置[119]; 方向舵和油门漂移[120]; 发动机分离、方向舵失效[121]	故障估计; 快速收敛; 干扰估计	计算量大; 调整困难
有界误差方法	方向舵偏置[122]; 舵机锁死,速度传感器偏置[123]	采用非线性模型; 误警率非常低; 计入干扰	计算量大; 检测延迟(保守设计)
非线性几何观测器	升降舵或油门锁死、满偏、失效[124]	采用非线性模型; 故障隔离	基于系统设计; 计算量大
参数估计	机翼损坏、方向舵锁死[125,126]; 结冰[127]	优化结构故障损坏	在线辨识时间长; 弱化传感器或作动器故障隔离

1.3 主要研究内容

虽然国内外众多学者对多相(转子)永磁容错电机理论和应用研究较多,但是对多相永磁容错电机本体拓扑在线可变结构及相应的控制方法的相关研究成果未见报道。国内外对驱动拓扑结构的在线可重构技术及容错控制的研究成果亦鲜有报道。本书以提高机电作动系统的可靠性为方向,研究机电作动器的核心和关键部件——电机及其驱动系统的可变拓扑结构及容错技术。在分析常用机电作动系统可靠性的基础上,针对现有系统可靠性较低的缺点,提出可变结构容错式机电作动系统架构。为了实现该架构,提出可变结构容错电机控制方法、可变结构式驱动拓扑结构、故障诊断和故障容错策略等。在综合分析三种主要类型容错电机的基础上,选用功率密度比较高的(转子)永磁容错电机,归纳出相数、失效率,以及损耗的数学模型,并提出电机绕组拓扑结构可变控制方法。然后,研制了一台 18kW 六相(转子)永磁容错电机作为工程样机,并分析其电磁特性、容错性能,提出电机本体绕组拓扑结构可变结构控制方法,进行算法和实验验证。在此基础上,进一步完成一种 18kW 的九相可变结构永磁容错电机方案设计。同时,为了提高整个电机及其驱动系统的可靠性,提出两种具有可变结构和容错性能的驱动拓扑结构。在分析驱动器和电机故障类型的基础上,提出相应的故障容错策略。为了能够在驱动器或者电机绕组发生开路或者短路故障时,及时、快速地进行故障容错,提出两种基于数学计算的故障诊断策略,并建立相应的 MATLAB 模型。最后,在永磁容错电机驱动系统平台上进行算法验证。为了验证提出的可变结构及容错策略的正确性和有效性,搭建了(双)三相永磁容错电机的 ANSOFT 模型及其驱动系统的场-路联合仿真模型进行仿真验证,构建永磁容错电机驱动系统的实验平台,以验证整个电机驱动系统的结构可变能力、容错性能和可靠性。

第 2 章　可变结构容错式机电作动系统

2.1　引　言

首先，我们由木桶原理推广到机电作动系统的可靠性上，进而分析机电作动系统的核心关键部件——电机驱动系统的可靠性。然后，分析常见的单通道机电作动系统、双余度机电作动系统的失效率模型，为了克服单通道机电作动系统的可靠性低，以及双余度机电作动系统的控制复杂、体积大、重量重的缺点，提出一种可变结构容错式机电作动系统架构，并搭建其失效率模型。从数据上看，该系统的可靠性指标满足民用航空航天的需求。

2.2　机电作动系统可靠性的木桶原理

木桶原理是由美国管理学家 Peter 提出的，是指一只木桶能装多少水取决于它最短的那块木板。一只木桶想盛满水，必须每块木板一样平齐且无破损，如果这只桶的木板中有一块不齐或者某块木板下面有个破洞，那么这只桶就无法盛满水，如图 2.1 所示。一只木桶的盛水量，并不取决于最长的那块木板，而是最短的那块木板。任何一个组织，基本上都面临一个共同问题，即构成组织的各个部分往往是优劣不齐的，而劣势部分往往决定整个组织的水平。

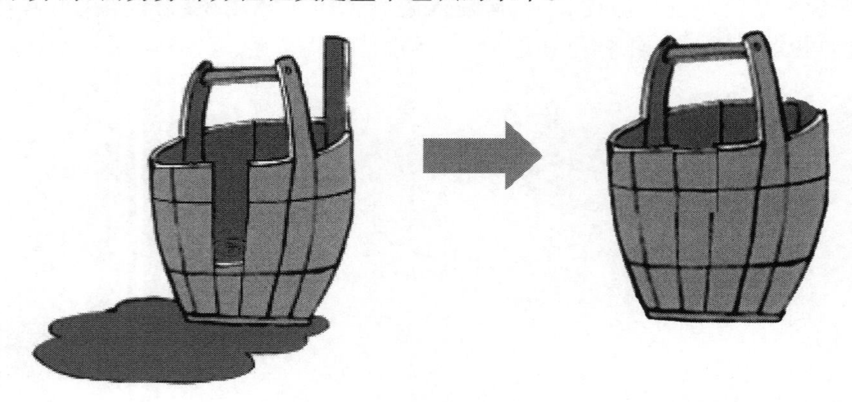

图 2.1　木桶原理

一个系统的可靠性依赖于各个组成部分的可靠性，并取决于可靠性最薄弱的环节。机电作动系统的可靠性主要受电机本体、驱动器、控制器、控制算法、故障诊断策略、可靠性模型等影响(图2.2)。为了提高机电作动系统的可靠性，最直接有效的方式就是提高各个组成部分的可靠性。这样机电作动系统这只木桶的盛水量(可靠性)才能达到最大。如图2.2所示，电机本体采用容错结构，驱动器和控制器具有动态重构能力，在此基础上，采用有效的故障诊断和容错控制算法，并进行系统的实时可靠性评估(因为系统状态是动态变化)，就形成一个高可靠性的机电作动系统。

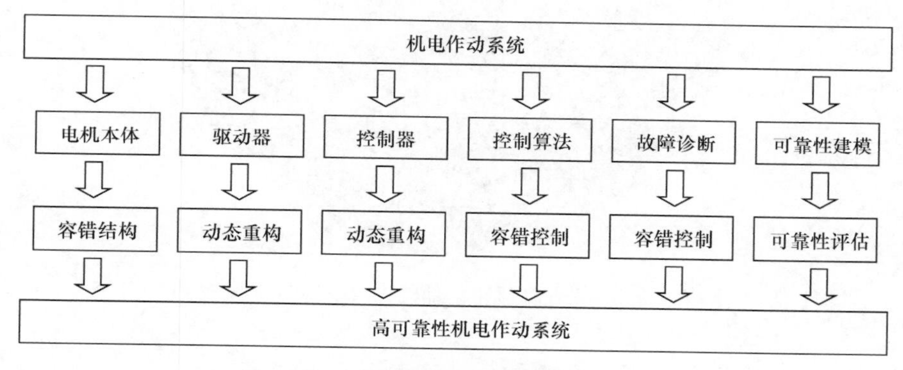

图2.2　高可靠性机电作动系统组织架构

2.3　电机驱动系统可靠性分析

由文献[128]统计研究可知，在交流变速驱动工业应用中，功率转换器失效率约占37.9%，控制电子器件失效率约占53.1%，如图2.3所示。由文献[129]，[130]可知，功率器件失效率估计约占31%，如图2.4所示。文献[131]在调研了80个公司的200种产品后，统计出半导体与焊接之和的实测失效率约占功率转换器失效率的34%(图2.5)。通常，逆变器上的功率器件故障广义上分为开路故障和短路故障。本章主要研究功率管和绕组的开路故障容错。相比功率管与绕组的短路和过流故障，由于开路故障不会立即使整个系统关机，因此关注度不高。但是，如果开路故障得不到及时处理，时间长了也会造成系统关机和维修成本增加[132]。因此，必须及时发现开路故障并进行故障容错，一般可以通过硬件或者软件重构，使系统恢复正常运转。

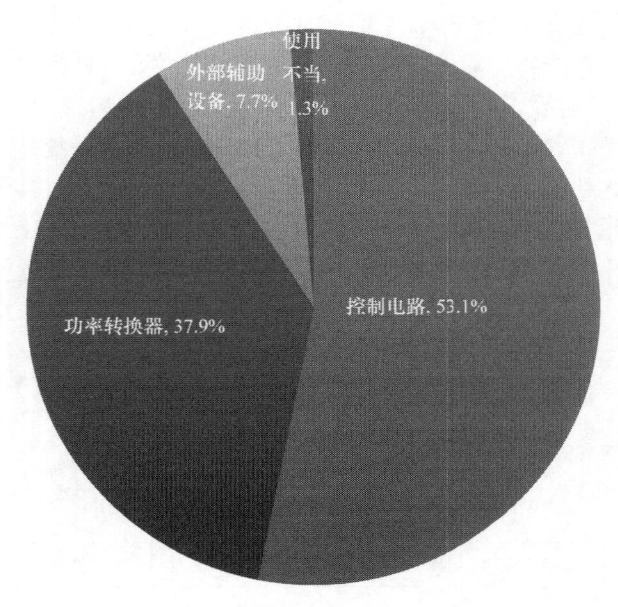

图 2.3 工业交流驱动部件失效率饼图[128]

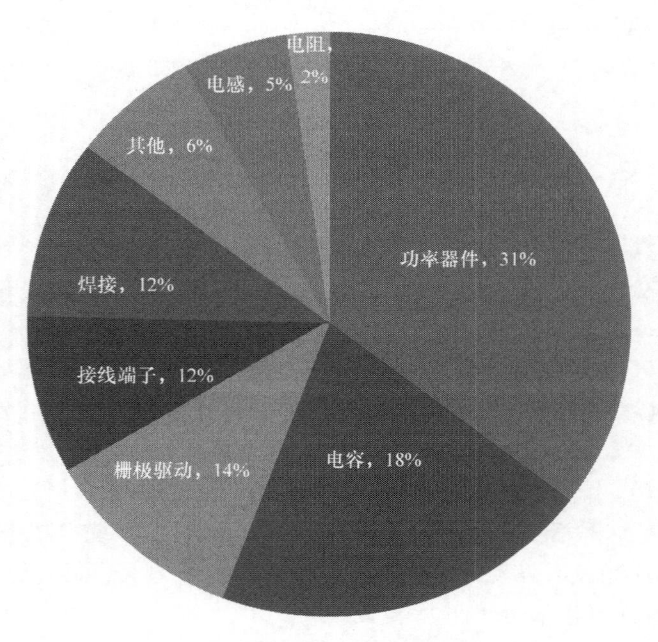

图 2.4 功率器件失效率估计饼图[129,130]

为了提高系统可靠性和容错性，通常采用冗余并联技术，但随之而来的问题是系统成本增加，体积和重量成倍增加，而且余度数量多未必代表可靠性高[133,134]。

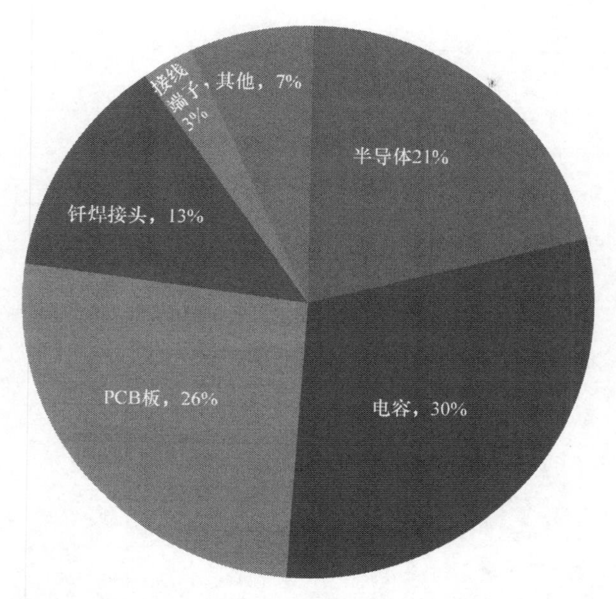

图 2.5　功率转换器实测失效率饼图[131]

为克服余度技术的缺点，替代的方法是提高驱动系统的可靠性和容错性，因此大量论文提出多种容错式驱动拓扑结构[135-137]。由文献[2]可知，在电机及其驱动系统中，电子总失效率比电气总失效率高，发生主要故障的失效率从高到低依次为驱动控制器[138]、供电系统、绕组开路故障，单位时间内它们发生故障的概率比电机本体要高(表 2.1)。

由文献[139]，[140]调查的 7500 个电机的统计研究可知，电机本体 37%的故障发生在定子绕组上，如图 2.6 所示，其他的故障主要发生在机械部分上，如轴承和转子等。绕组故障属于电气故障范畴，不仅对电机本体有影响，还会影响驱动器、电源和后续设备的正常运行。

表 2.1　三相驱动系统电气、电子失效率[2]

故障原因	失效率/(相/h)
绕组开路	1.3×10^{-5}
接线端开路	1×10^{-6}
其他开路	0.4×10^{-6}
相间短路	6.7×10^{-6}
接线端短路	1×10^{-6}
其他短路	0.4×10^{-6}
电气总失效率	6.6×10^{-5}

续表

故障原因	失效率/(相/h)
供电系统	5.4×10^{-5}
功率电子控制器	8.5×10^{-5}
控制信号	1.3×10^{-5}
数字信号处理器(digital signal processor,DSP)失效	1×10^{-5}
电子总失效率	1.5×10^{-4}

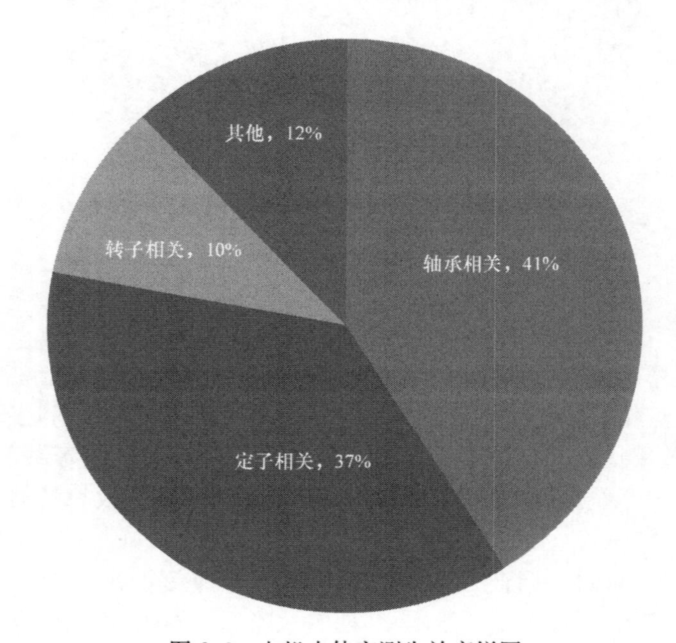

图 2.6 电机本体实测失效率饼图

2.4 机电作动系统可靠性分析

上述失效率数据具有一定的参考和指导价值,可以作为我们进行系统设计时的参考和指南,从而有针对性地提高薄弱环节的可靠性,最终使系统的可靠性得到保证或提高。

机电作动系统作为一个综合的电气、电子、机械和软件工程等高度集成的系统,其可靠性取决于各组成部分的可靠性。在可靠性分析与评估方面,公开发表的文献中的可靠性数据,如 2012 年发表的文献[2],基本还是参考或溯源到 20 世纪五六十年代美国军标数据。经过半个多世纪的科学技术发展,现有的可靠性数据显然不太符合实际情况，因此在这些数据基础上的可靠性评估明显过于保守，从而造成系统资源的严重浪费。

在机电作动系统可靠性评估方面，英国 BAE Systems 公司提供的可靠性数据[66]相比其他学者的研究成果，如 Sadeghi(1992)、Lemor(1996)、Tavner(1999)和 Pieters(2008)，更加具有全面性和系统性，涉及整个机电作动系统的各个重要组成部分，其中电气和电子部分可靠性与利用可靠性评估软件 RELEX 得到的数值相近。因此，表 2.2 中的 BAE Systems 公司提供的可靠性数据，对机电作动系统来说，具有较好的参考价值，基本符合当前技术水平。因此，本书将此系列数据对现有常见的机电作动系统进行可靠性分析。

表 2.2　EMA 各部件失效率对比数据表[66]

项目	BAE Systems (2010 年)/h	Sadeghi (1992 年)/h	Tavner (1999 年)/h	Pieters (2008 年)/h	Lemor (1996 年)/h
控制信号	4.5×10^{-5}	1.3×10^{-5}			
供电系统	1.2×10^{-5}	5.4×10^{-5}			
功率电子控制器	2.8×10^{-5}	8.55×10^{-5}			
电机绕组	3.9×10^{-6}		9.48×10^{-8}	1.38×10^{-8}	
电机轴承(堵塞)	1.1×10^{-6}		3×10^{-6}	6.55×10^{-7}	
电机(整体)	5×10^{-6}	1.2×10^{-5}	3.16×10^{-6}	6.9×10^{-7}	
齿轮系	5.7×10^{-7}			6.55×10^{-6}	
执行机构	1.1×10^{-6}				1.45×10^{-6}
位置传感器	2×10^{-6}				
刹车堵塞	2.8×10^{-6}				
刹车断开	2.4×10^{-6}				

首先，对常用的单通道机电作动系统可靠性进行评估，将各重要组成部分的失效率进行综合，系统可靠性取决于各个薄弱环节的可靠性，如控制信号、供电系统、控制器与逆变器，如图 2.7 所示。单通道机电作动系统的可靠性较低，失效率为 9.85×10^{-5}/h，只能用在可靠性要求不高的无人飞行器上，或者作为不影响系统安全的辅助作动系统。

进一步，为了提高单通道机电作动系统的可靠性，常用的方式是采取余度技术，一般是采用双电机结构，如图 2.8 所示。每个电机还是采用普通的三相无刷直流电机或者三相永磁同步电机，驱动器采用三相全桥的驱动方式。这种采用双电机余度技术的优点是控制方式非常简单，两个电机互为备份，可灵活配置为冷备、温备或者热备方式。其可靠性得到了很大的提升，失效率为 1.68×10^{-5}/h，如图 2.9 所示。可靠性提高了近 2 个数量级，说明余度技术起到了提高系统可靠性

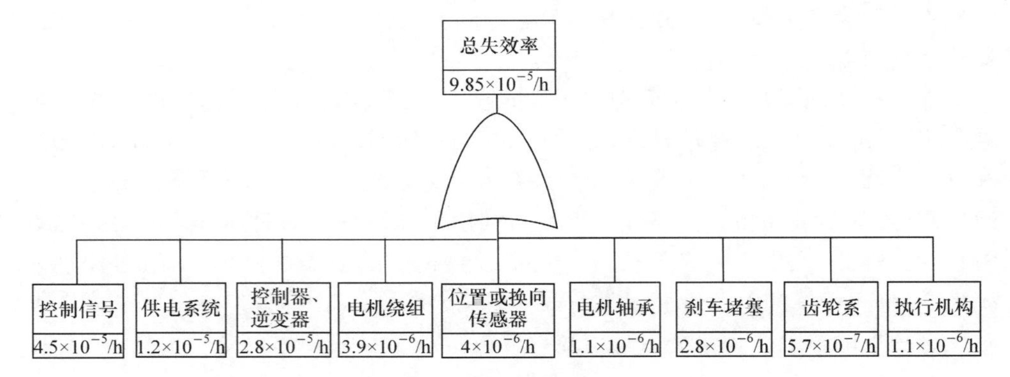

图 2.7　单通道机电作动系统失效率

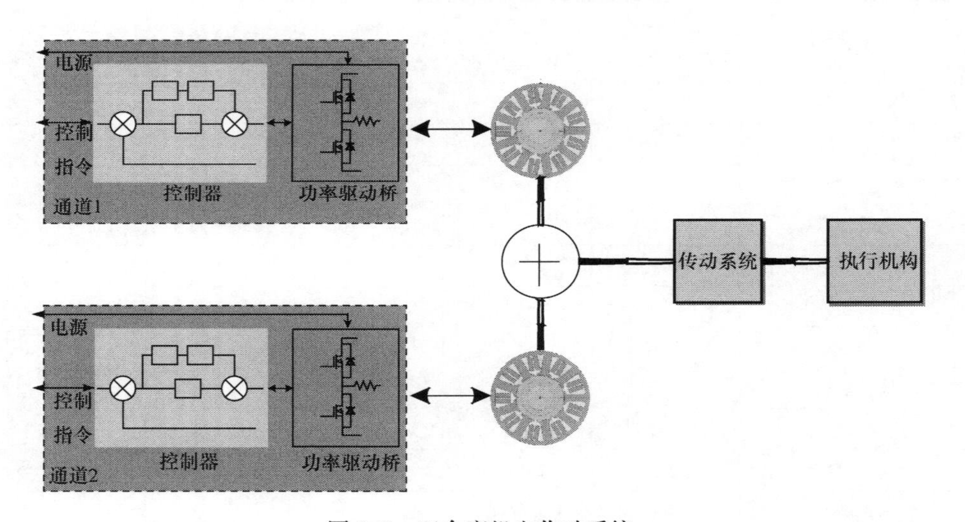

图 2.8　双余度机电作动系统

的目的。但是，这种技术的缺点也是比较明显的，如系统体积增大、重量增重、功率密度降低等。采用双电机结构的机电作动系统，在硬件上的可靠性得到了较大幅度的提高，因此如果仅考虑控制信号的实现性，即对任务完成能力的可靠性方面来说，其控制失效率仅为 4.8×10^{-8}/h，如图 2.10 所示。采用双电机结构的机电作动系统，在任务完成能力方面能够得到很好的保证。

进一步，为了克服双电机结构的缺点，英国纽卡斯尔大学的 Mecrow 教授研制了一套基于双三相永磁容错电机的飞机起落架机电作动系统。其系统架构与驱动拓扑结构如图 1.7 所示。该系统以六相永磁容错电机为核心，将其分成两个三相模块，每个模块采用三相全桥驱动方式，在电气上等效于两个三相电机，在电机内部实现力矩合成，因此在机械上消除了力或者速度综合的差速器，从而在体积、

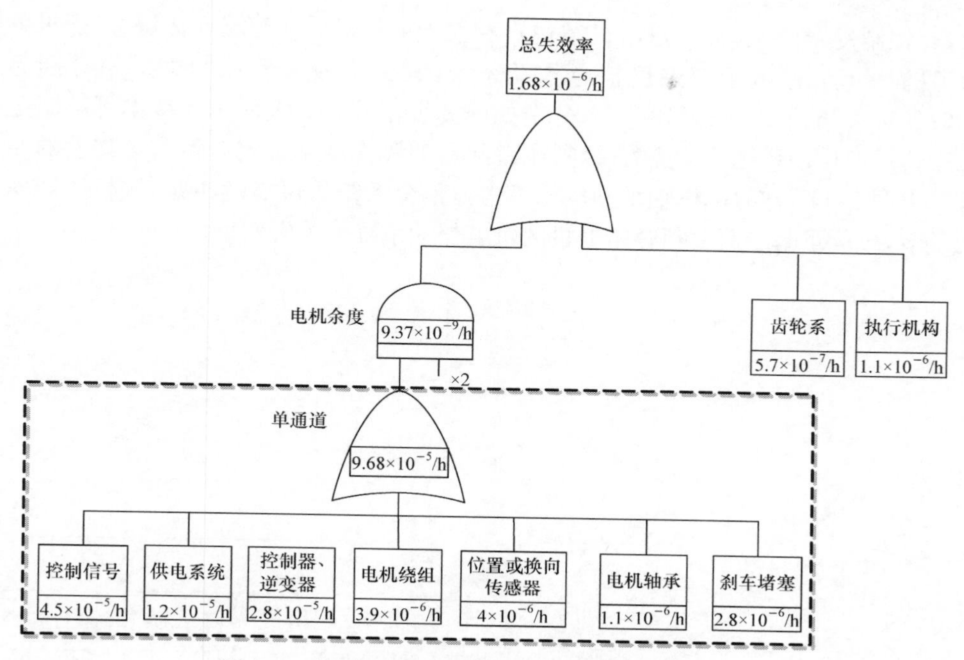

图 2.9　采用双电机结构的机电作动系统总失效率

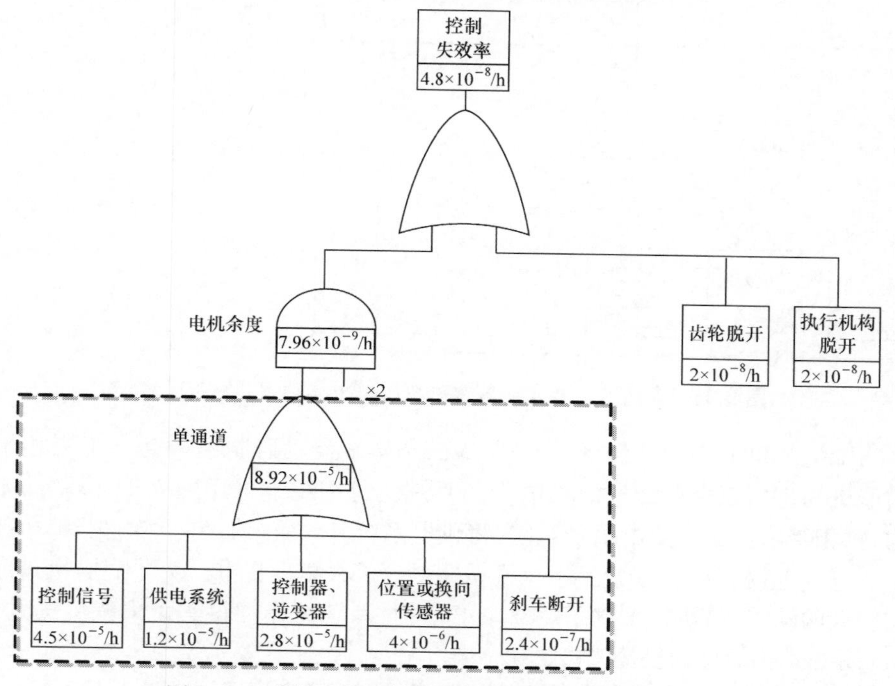

图 2.10　采用双电机结构的机电作动系统控制失效率

重量、控制复杂度上，都比双电机结构具有很大的优势。在可靠性数据上，优于单通道机电作动，略逊于双余度机电作动系统，其总失效率和控制失效率分别为 5.62×10^{-6}/h 和 2.88×10^{-7}/h，分别如图 2.11 和图 2.12 所示。基本可以满足飞行器辅助作动系统——襟翼、缝翼或者起落架等作动系统安全性和可靠性的要求。由图 2.11 可知，电机轴承和执行机构为整个系统的可靠性相对“短板”，即薄弱环节，拉低了基于双三相容错电机的机电作动系统的总失效率。

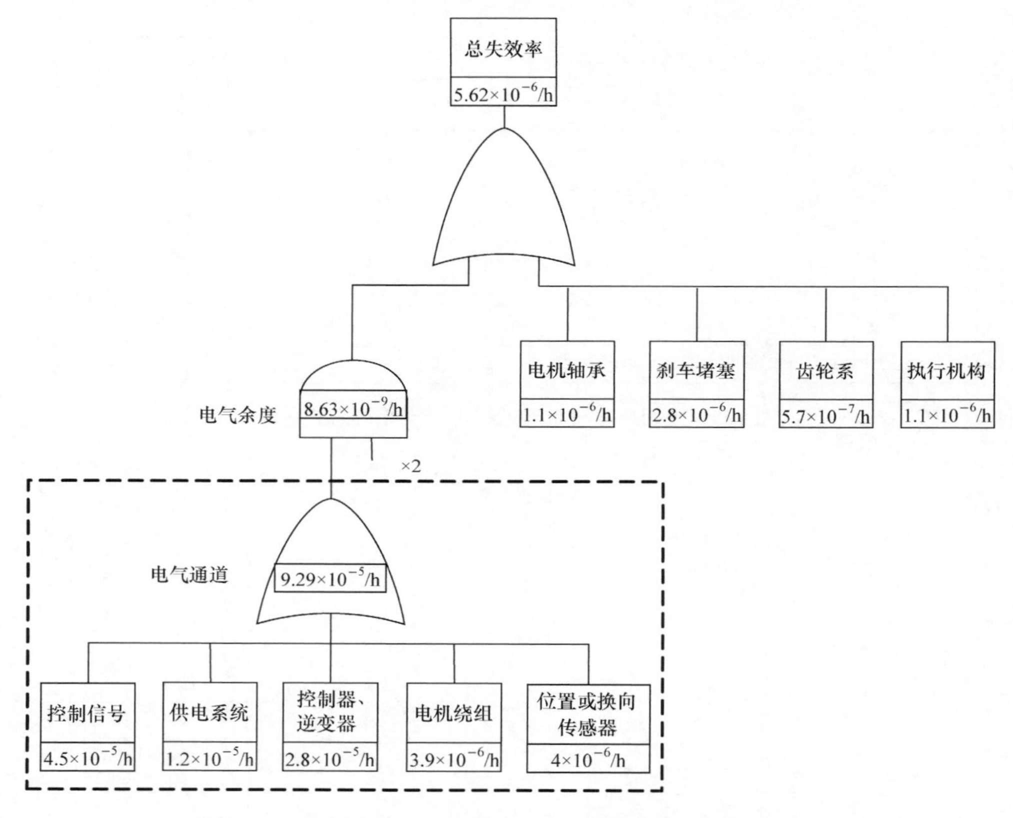

图 2.11　基于双三相永磁容错电机的机电作动系统总失效率

为了提高机电作动系统的可靠性，Mecrow 教授又研制了一套基于三相永磁容错电机和机械双余度结构的机电作动系统。每相绕组采用独立 H 桥驱动拓扑结构，每相绕组作为一个电机子系统，将供电系统和位置(或换向)传感器都单独备齐。在电气上，相当于三余度系统，可靠性得到了大幅度提升。为了克服机械部分可靠性低的缺点，将机械部件采用双余度结构，系统可靠性得到了大幅度提升(文献[66]并未给出具体的机械架构图和总失效率)，其控制失效率仅为 7.83×10^{-13}/h，完全可以满足民用航空航天作动系统的可靠性和安全性的要求(图 2.13)。

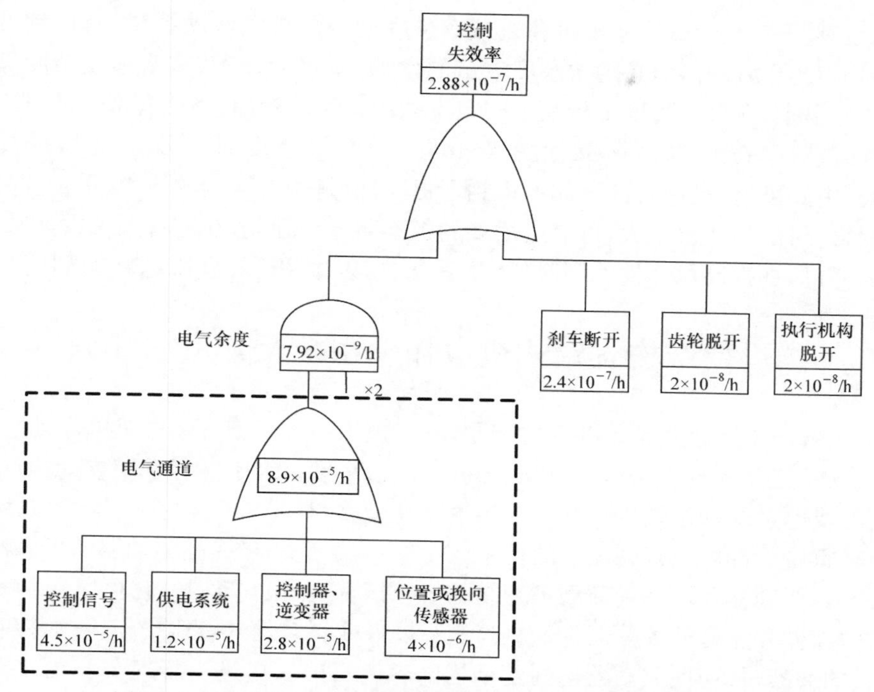

图 2.12　基于双三相永磁容错电机的机电作动系统控制失效率

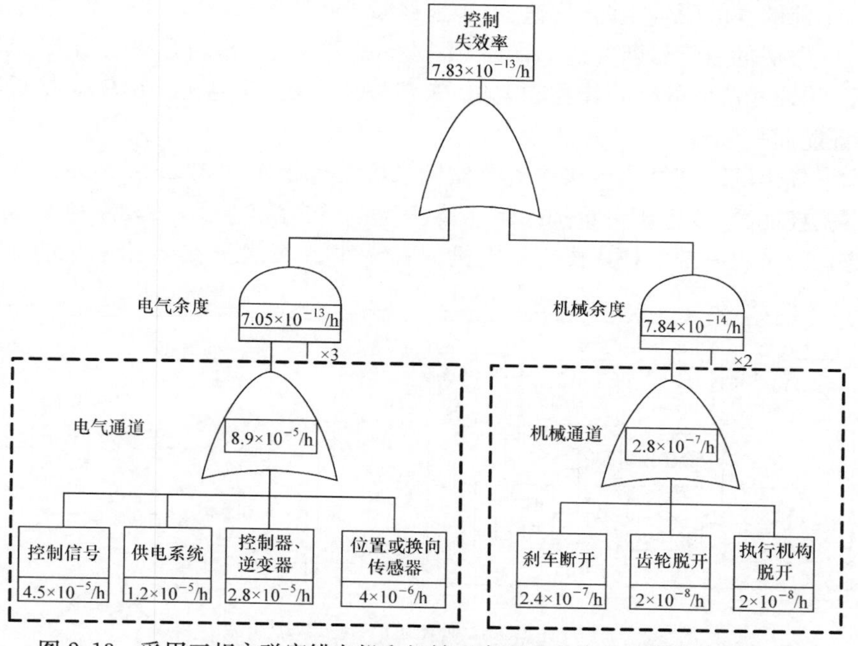

图 2.13　采用三相永磁容错电机和机械双余度机电作动系统的控制失效率

上述基于三相永磁容错电机和机械双余度结构的机电作动系统，其控制可靠性得到了大幅度提升，但是随着余度数量的增加，系统的体积、重量和复杂度等问题也凸显出来，在一定程度上抵消了多余度的优越性。例如，当原有部件的可靠性为 0.9 时，双余度可以把可靠性提高 10%，采用三余度时比双余度只提高了 0.9%。由此可见，虽然总的可靠性得到了提高，但是相比增加的体积、重量和复杂度等而言，付出的代价太大，可靠度增加的却不明显。因此，在进行系统设计时，应该全面考虑，在提高可靠性的同时，顾及系统增加的体积、重量和复杂度等因素。

2.5 可变结构容错式机电作动系统及其可靠性分析

为了解决上述容错系统存在的问题，本书提出一种新型容错式机电作动系统。其电机采用三相永磁容错电机，机械部分采取双余度。为了减轻系统重量，减小系统体积，供电系统和位置(或换向)传感器采用双余度结构，这样在可靠性、系统体积，以及重量上都可以得到较好的折中。此外，为了进一步提高驱动器的可靠性和容错能力，驱动器采用一种新型可变结构容错式驱动拓扑结构。它可以对功率电源、功率器件和重构开关等器件的故障进行硬件或者软件的重构操作，进而控制重构开关的通断，从而使驱动器达到变结构的容错目的。再进一步充分利用永磁容错电机具有的绕组开路和短路故障容错能力，使机电作动系统的可靠性进一步提升。为了能够在故障发生时，快速、准确地诊断出故障类型、大小和位置，提出两种基于数学方法的故障诊断方法。最后，根据在线实时故障诊断方法的结果，判断故障类型，采取相应的故障容错控制方法，实现故障容错，使电机输出转矩接近额定值，保证舵面平稳输出。

本书提出的可变结构容错式机电作动系统功能框图如图 2.14 所示。其主要包含容错控制器、双电源可重构式驱动器、三相永磁容错电机、传动系统和执行机构组成。为了更好地发挥永磁容错电机的容错性能，三相永磁容错电机的每相绕

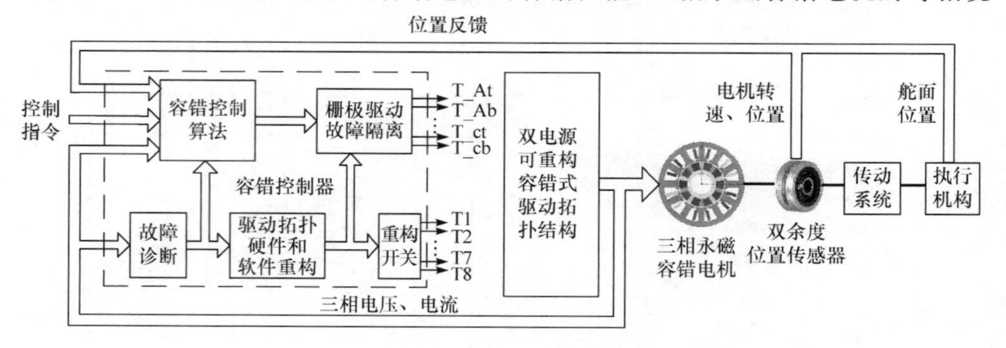

图 2.14 可变结构容错式机电作动系统功能框图

组采用模块化独立驱动拓扑结构，如图 2.15 所示。这样在某相绕组发生故障时，故障相不会影响正常相的持续工作能力。三相永磁容错电机的控制功能框图如图 2.16 所示。控制器发送控制指令给每相驱动桥，进而驱动每相绕组。三相绕组产生的磁链在电机内部叠加合成，与转子上的永磁体作用，产生电磁转矩，拖动负载旋转。三相永磁容错电机系统相当于一个三余度控制系统，其具有一度故障工作能力，相比双电机结构，取消了力或速度综合机构，在系统结构、体积、重量、控制复杂度上均具有明显的优势。

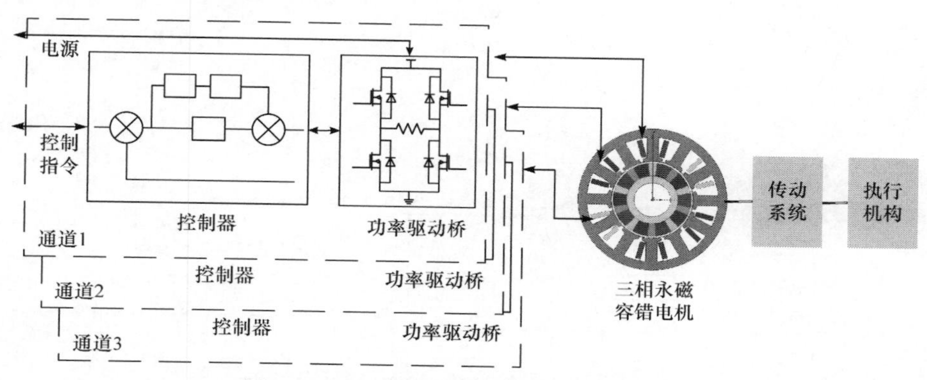

图 2.15　三相永磁容错电机驱动拓扑结构

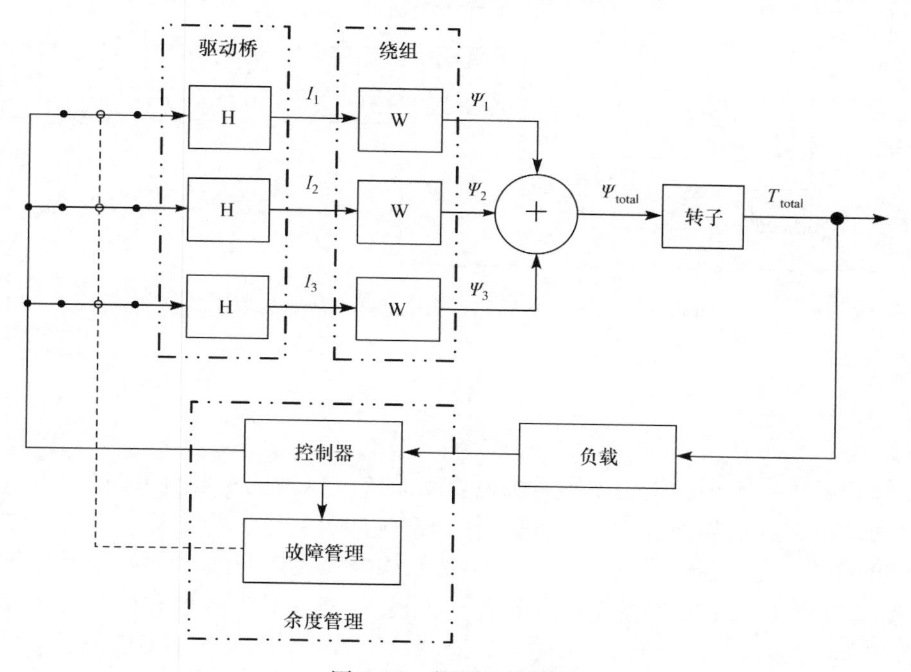

图 2.16　控制功能框图

可变结构容错式机电作动系统的总失效率为 1.91×10^{-10}/h，如图 2.17 所示。从可靠性数据来看，完全可以满足民用航空航天作动系统需求。其控制失效率为 1.6×10^{-10}/h，如图 2.18 所示。从可靠性数据上来看，与图 2.13 相比，控制失效率虽然比较高，但是在供电系统和位置(或换向)传感器仅采取双余度结构，这样可以减轻系统重量、减小系统体积，而且可靠性也能够满足系统要求，还是具有一定的优势。

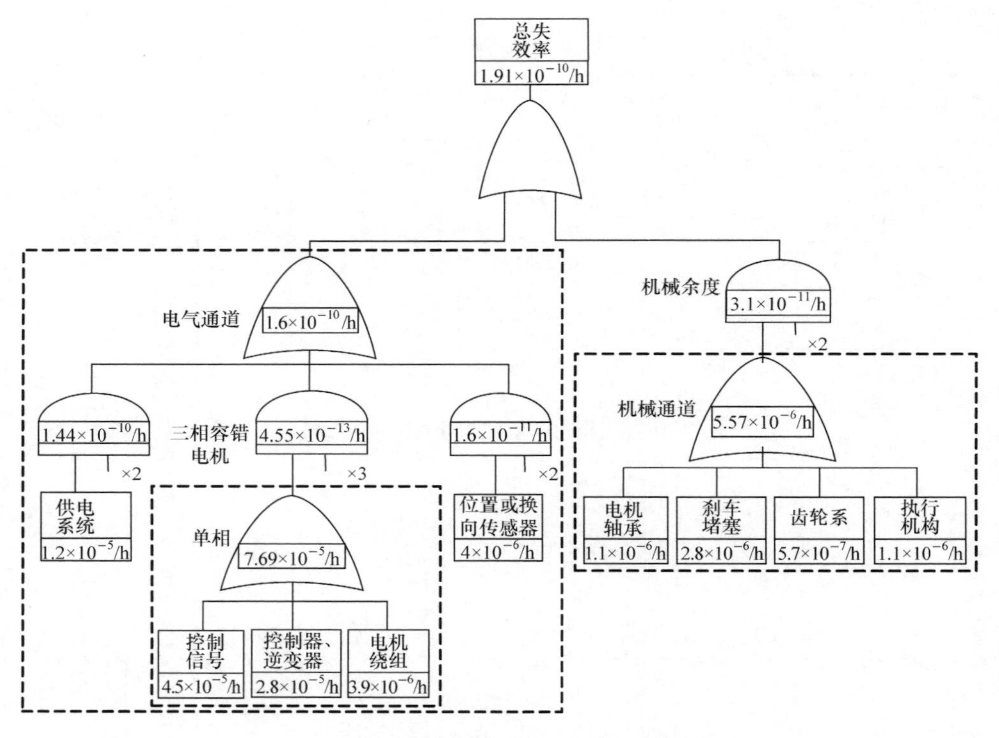

图 2.17　可变结构容错式机电作动系统总失效率

2.6　小　　结

本章首先由木桶原理引出影响机电作动系统可靠性的重要因素，进而重点分析电机驱动系统可靠性，以及常用机电作动系统的可靠性。为了克服现有系统可靠性低或者系统复杂的缺点，提出一种可变结构容错式机电作动系统，对其系统架构、驱动框架，以及控制功能框图进行描述。最后，对其总失效率和控制失效率进行分析，从可靠性数据上来看，均能很好地满足民用航空航天作动系统的需求。

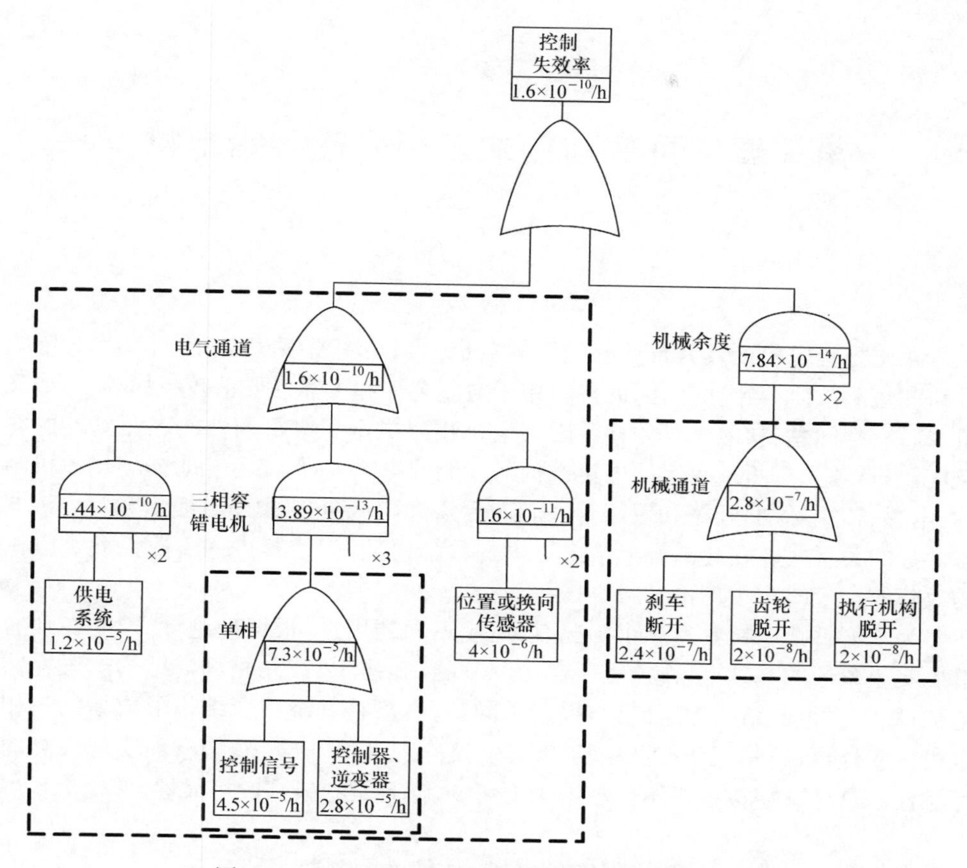

图 2.18　可变结构容错式机电作动系统控制失效率

第3章 可变结构式多相永磁容错电机

3.1 引 言

永磁容错电机既具有普通永磁无刷电机的高功率密度优点，同时又具有绕组开路和短路故障容错功能，因此多应用于对安全性和可靠性要求较高的场合，如飞机、高铁、空间站、核电站等领域。因为电机相数决定了电机的性能和驱动器的复杂度，本章首先分析永磁容错电机结构对性能的影响，然后对六相永磁容错电机结构、电感、转矩脉动、开路和短路等性能进行分析，推导电机短路电流倍数与电机电磁参数的关系式。在此基础上给出样机的数学模型，为后续进一步研究此类电机的故障容错策略提供理论参考。

为了能够让电机具有多个工况点，适应不同的用途，根据理论计算，并在现有电机实验验证的基础上，设计了一台 18kW 的 18 槽 12 极九相可变结构永磁容错电机，用于绕组变结构控制研究，根据不同工况，可将其绕组变结构形成新的三相电机。此外，可将其工作在九相、3 个三相、2 个三相和 1 个三相，从而实现较高的可靠性。这样就使该电机不但在结构上可变，而且具有较高的可靠性。

3.2 永磁容错电机结构分析

3.2.1 绕组结构

与传统的永磁电机不同，永磁容错电机在进行绕组设计时，主要有以下目标。

① 避免各相绕组之间发生交叠，降低绕组短路或开路故障率。

② 绕组结构简单、制作方便。

③ 相间互感尽量小。

在实际应用时，常采用如图 3.1 所示的结构，但具体采用何种结构，还需要结合转子的磁路特征进行选取[141,142]。定子每相电枢绕组采用单节距绕组方式绕在一个电枢齿上，保证了绕组端部由于不交叠而产生物理隔离，从而避免相间短路这种严重故障。图 3.1(a)是最典型的永磁容错电机绕组结构，每个槽中只有一套绕组，每个绕组间可以实现物理隔离。通常，当一相绕组发生短路故障时，短路电流产生的热量会影响其他相绕组的正常运行。在这种结构的电机中，没有绕组的电枢齿对短路相电流产生的瞬间热量有隔离作用。虽然每槽只有一套绕组，似乎降低了电机的利用率，但实际上并非如此，只要变换前后槽满率不变，就可以实现电机效率不变。当然，要确保互感近似于零，仅采用这种绕组结构还不够，还需要辅以相应的转子结构和电机的优化设计。文献[141]采用如图 3.1(b)所示的双层绕组结构，将相邻两个定子齿上的绕组反串，同样可以实现电机的各相磁路独立。当然，双层绕组结构的相间绝缘性相比于单层绕组结构，在一定程度上要差一些。为了对单层与双层绕组的性能做到一目了然的掌握，表 3.1 对其进行了对比分析。

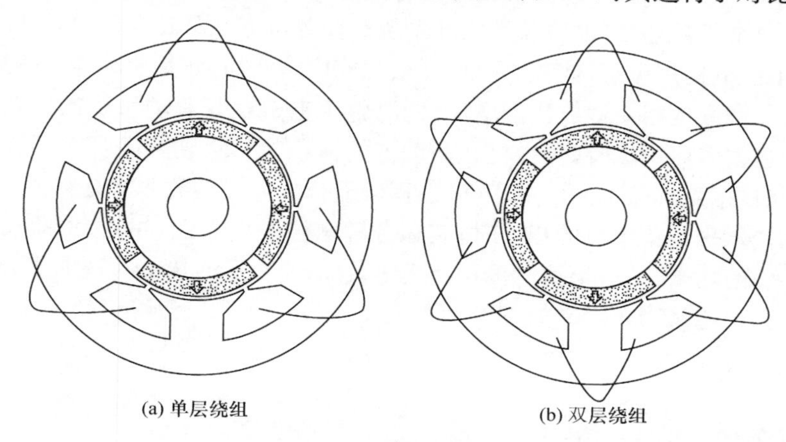

(a) 单层绕组　　(b) 双层绕组

图 3.1　多相电机常用绕组连接示意图

表 3.1　单层与双层绕组性能对比

参数	单层绕组	双层绕组
互感	非常低(容错性好)	大，相间耦合严重
端部绕组	较长	较短
相电感	高(较高漏感)	低(较低漏感)
转子损耗	较高(高次谐波多)	较低(基波为主)
槽/极组合数	少	多
制造难易度	易	难
同步绕组系数	较高	较低
反电动势正弦度	低	高

通常情况下，对于三相电机可供选择的方案有 6/4、9/8、12/8 和 12/10 等几种极槽配合方式。三相 6/4 具有较小的极对数，可以获得较低的开关频率，但是电机齿数越少，电机轭部越宽，电机槽面积越小。在开关频率允许的范围内，增大极对数，可以使槽数增多，相应地降低定子磁轭厚度，缩短线圈端部，提高电机性能。同时，极数 p 越小，电机的电负荷越大，会增加电机的发热，所以不采用 6/4。9/

8 由于具有单边磁拉力，也不是最佳方案，而 12/10 可以设计成六相或者双三相结构，具有更高的可靠性。因此，进行电机设计时优选 12 槽 10 极绕组拓扑结构方案。

3.2.2 相数与失效率及超额因数的关系

为了提高可靠性和容错性，在要求高可靠性的应用领域，一般采用多相电机，当某一相或者某几相发生故障时，能保证电机及其驱动系统输出性能不变或者下降不大。通常相数越多，电机及其驱动系统的任务可靠性就越高。但是，随着相数的增多，不但电机用铜量、体积、重量、复杂度成比例增加，而且驱动器所有器件、体积、重量、复杂度也相应地成比例增加，同时整个电机及其驱动系统的失效率也大大增加。在很多应用场合，对电机和驱动器的体积、重量、功耗等都有很强的约束条件，因此根据系统需求和约束条件，选择较适合的电机相数非常有必要。

在选择永磁容错电机的相数时，应综合考虑任务可靠性、相冗余、驱动复杂度等约束条件的均衡，一般根据电机相超额因数(over-rating factor)选取永磁容错电机的相数。相超额因数定义如下[88]，即

$$F_n=\frac{n}{k} \tag{3.1}$$

其中，n 为容错电机的相数，考虑转矩脉动因素，通常使 $k=n-1$。

相超额因数的物理意义解释为，在设计电机时应当考虑当某一相发生开路故障后，系统剩余相也应该能够输出额定功率。例如，对于三相电机，每相必须增加额定功率的 50%。因此，每相的输出功率应该按超出额定值来设计，这样每相输出功率就应该是额定功率与剩余相之比。

假定电机各相失效服从指数分布[68]，即

$$R(t)=\sum_{m=k}^{n}C_n^m\left(\mathrm{e}^{-\lambda t}\right)^m\left(1-\mathrm{e}^{-\lambda t}\right)^{n-m} \tag{3.2}$$

其中，$\lambda=2\times10^{-6}/\mathrm{h}$。

单位时间内故障率为

$$F_p(t)=\frac{1-R(t)}{t} \tag{3.3}$$

根据式(3.2)和式(3.3)可以得出容错电机相数与失效率及超额因数的关系，如图 3.2 所示。由图 3.2 可知，随着相数的增加，相超额因数逐渐减小，但是所用器件增多，系统复杂度增大，单位时间内系统故障率随之增加。然而，随着相数的增加，系统的容错自由度会增大，使系统的任务可靠性提高。因此，相数的选择应该根据实际系统的可靠性需求和复杂度的限制，进行综合考虑，相数既不能太多，也不能太少。在高可靠性应用领域，三相[73,143]、四相[59,133]、五相[144,145]和六

相[55,146,147]等多相永磁容错电机均有应用实例。一般情况下，奇数相电机存在较高频率的小幅值转矩脉动[148]，偶数相电机在发生开路故障时，转子所受磁拉力处于不平衡状态[149]，会造成转矩脉动和噪声增大，加速轴承的磨损，降低其寿命。

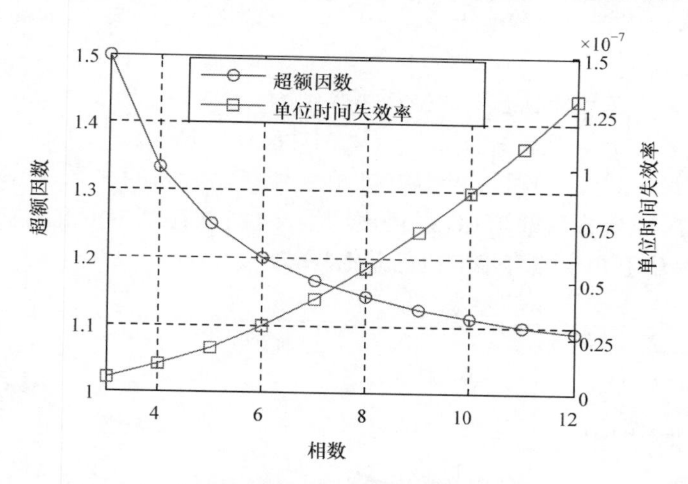

图 3.2　容错电机相数与失效率及超额因数的关系

3.2.3　相数与损耗关系

电机系统主要损耗包括铜耗、铁耗、功率管开关损耗，以及通态损耗[150]四种。

由于永磁容错电机的各相绕组之间互相影响很小，近似相互解耦，每相绕组可以看做一个独立的电路，因此每相电流幅值可表示为

$$i_{\text{peak}}=\frac{2P_{\text{rated}}}{e_{\text{peak}}N_{\text{phase}}\cos\varphi} \tag{3.4}$$

其中，P_{rated} 为永磁容错电机的额定功率；e_{peak} 为反电动势幅值；N_{phase} 为相数；φ 为功率因数角。

那么，永磁容错电机的铜耗为

$$P_{\text{cu}}=0.5N_{\text{phase}}R_s i_{\text{peak}}^2 \tag{3.5}$$

其中，R_s 为各相电阻；i_{peak} 为各相电流幅值。

电机定子铁耗主要取决于材料、厚度和频率等，一般可表示为

$$P_{\text{Fe}}=2M_{\text{Fe}}N_{\text{phase}}B_{\text{peak}}^2P_{\text{Fe\_}\omega_0}\left(\frac{\omega_e}{\omega_0}\right)^{\frac{3}{2}} \tag{3.6}$$

其中，M_{Fe} 为硅钢片质量；B_{peak} 为磁通量密度幅值；ω_e 为电频率；$P_{\text{Fe\_}\omega_0}$ 为所用硅片在电频率 ω_0 下的铁耗。

功率管在导通状态下可以等效为一个阻值很小的电阻，其阻值取决于栅极和

源极之间的电压，即

$$R_{semi}=\frac{V_{CE\_sat}-V_{int}}{I_{C\_nom}} \tag{3.7}$$

其中，V_{CE_sat}为功率管的饱和电压；V_{int}为功率管的本征电压；I_{C_nom}为功率管的额定电流。

那么，功率管在导通状态下的损耗可表示为

$$P_{semi}=|i_{peak}|\cdot(V_{int}+|i_{peak}|\cdot R_{semi}) \tag{3.8}$$

由式(3.4)～式(3.8)可以得出电机相数与损耗之间的关系，如图 3.3 所示。由图 3.3 可知，随着相数的增加，铜耗逐渐增多，而铁耗基本变化不大。其中，四相、五相、六相和七相永磁容错电机的总损耗较小。

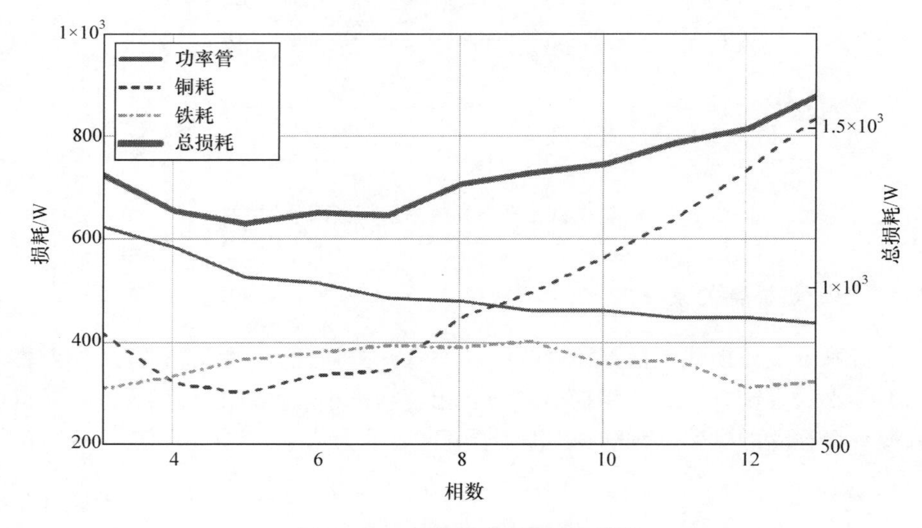

图 3.3　电机相数与损耗关系[150]

3.2.4　永磁体阵列

根据永磁体在转子中的位置，转子永磁式无刷电机分为永磁体表面贴装式(surface-mounted permanent magnet，SPM)电机和永磁体内嵌式(interior permanent magnet，IPM)电机。由于永磁容错电机要求各相解耦，每相磁路独立，为了实现相间磁隔离，以期获得低互感值，目前永磁容错电机转子常采用永磁体表面贴装式结构，如图 3.4(a)所示。在该结构中，永磁体表面有紧箍装置(常采用不锈钢套筒)。为了降低转子铁心的涡流损耗，提高相反电势的正弦度，亦可以采用无转子铁心的 Halbach 永磁阵列，即永磁体直接与非磁性转轴紧密安装，如图 3.4(b)所示。该结构的转子无导磁材料，电枢绕组产生的磁场只有少部分通过转子，并经由气隙从其他相电枢齿构成回路，因此互感近似为零，以此保证相与相之间的独立性。同时，电机的等效气隙很大，是电机气隙与永磁体磁化高度，以及永磁体套筒厚度之和。这一点与普通永磁电机相同，此种结构使电机电感很小。但是，为了能够最大限度地降低短路电流，实现短路容错，通常要求将漏电抗设计得较大，以便短路故障发生时，较大的短路电流产生的去磁磁通大部分经由漏磁路闭合，降低电机短路时的永磁体不可逆失磁危险系数。已有研究表明，提高漏抗的主要技术手段是增加槽漏抗，即采取小开口槽或闭口槽，同时增加齿尖高度。

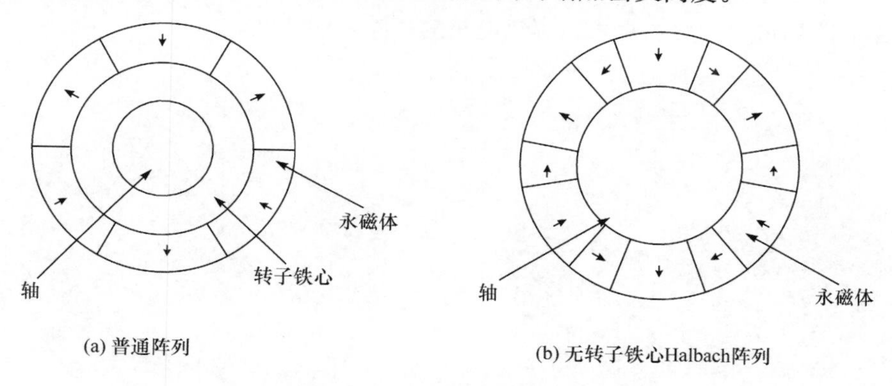

图 3.4　永磁体表面贴装式

Halbach 阵列是一种新型的永磁体排列方式，特别适合永磁体采用表面贴装式安装的转子结构。已有研究表明，永磁体采用 Halbach 阵列排列方式后，不但可增强电机气隙磁通，而且可减弱转子轭部磁通。该技术手段对缩小电机体积、提高功率密度均十分有效[151,152]。按制造工艺来分，Halbach 阵列可分为两大类，即整环型 Halbach 阵列和离散型 Halbach 阵列。综合考虑电机性能和加工的方便，一般采用离散型 Halbach 阵列，每极由 2 块或者多块磁体拼装而成。如图 3.5 所示为永磁容错电机分别采用普通永磁体阵列与 Halbach 永磁体阵列的对比示意图。从图中可以看出，采用 Halbach 阵列后，永磁体经由定子侧构成回路，而在转子侧则无磁通通过，由此可以降低永磁体磁通路径的磁阻，使永磁体的磁性能得到充分利用。同时，由于在转子侧永磁体产生的磁场很小，这对高速运行的永磁电

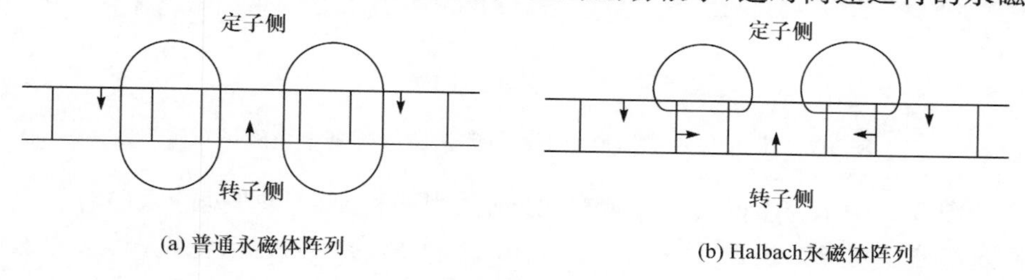

图 3.5　永磁体阵列对比示意图

机,可以极大地降低其铁耗,进而降低转子发热量,提高电机效率。

如图 3.6 所示为普通永磁体阵列与 Halbach 永磁体阵列电机磁场对比。可以看出,采用 Halbach 阵列后,在转子轭部磁场明显减弱,从而降低转子轭部的损耗,使永磁体直接贴在轴上取消转子硅钢片成为可能。图 3.6(c)对比了两种情况下气隙磁通量密度。可见,在同等情况下,采用普通永磁体阵列的永磁容错电机气隙磁通量密度最大处只有 0.86T。另一方面,采用 Halbach 永磁体阵列的永磁容错电机,其磁通量密度最高可达 1.13T,相比而言,后者提高了约 30%。因此,Halbach 阵列可以大大提高永磁容错电机的气隙磁场强度。

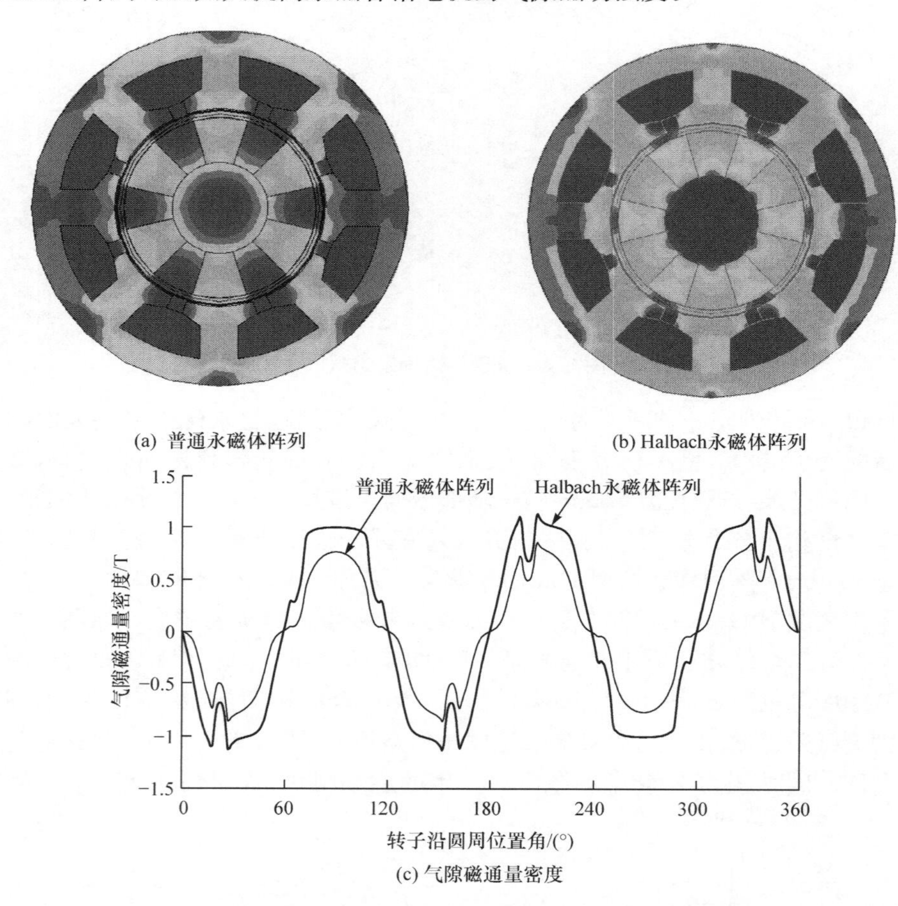

图 3.6 普通永磁体阵列与 Halbach 永磁体阵列电机磁场对比

如图 3.7 所示为不同转子位置时,分别采用两种永磁体阵列的永磁容错电机单匝永磁磁链对比。由此可见,采用 Halbach 阵列的永磁容错电机,其永磁磁链变化幅度大于采用普通阵列的永磁容错电机。如图 3.8 所示为永磁容错电机单匝空载反电势对比。可以看出，采用 Halbach 永磁体阵列的永磁容错电机，其反电势幅值近似为采用普通阵列的永磁容错电机反电势幅值的 1.414 倍。进一步分析可知，采用 Halbach 永磁体阵列的永磁容错电机的反电势，其谐波正弦度优于采用普通阵列的永磁容错电机。如图 3.9 所示为 2 台永磁容错电机的反电势的谐波分析结果。由分析结果可知，基于普通永磁体阵列的永磁容错电机的反电势 THD 为 5.4%，而基于 Halbach 永磁体阵列的永磁容错电机的反电势 THD 为 2.01%，谐波降低了1.6 倍。

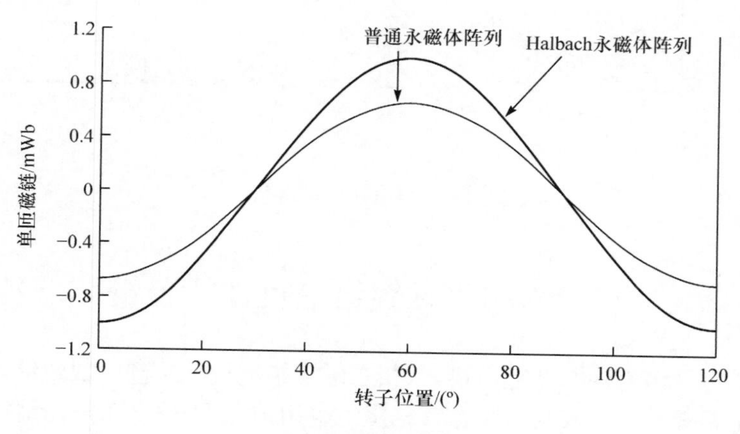

图 3.7　永磁磁链对比

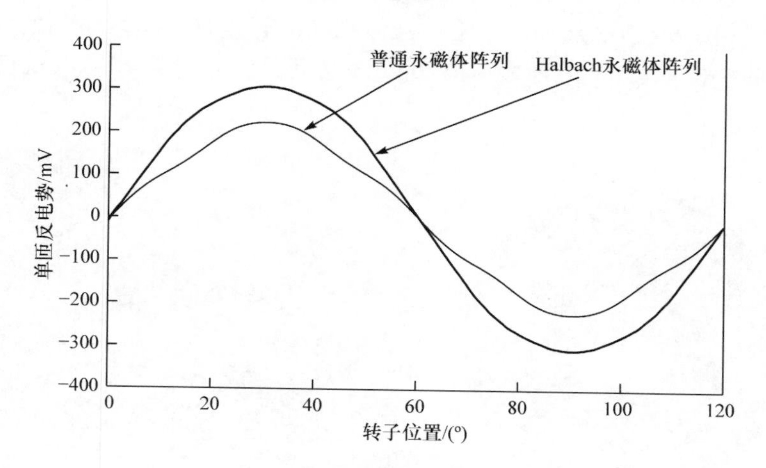

图 3.8　空载反电势对比

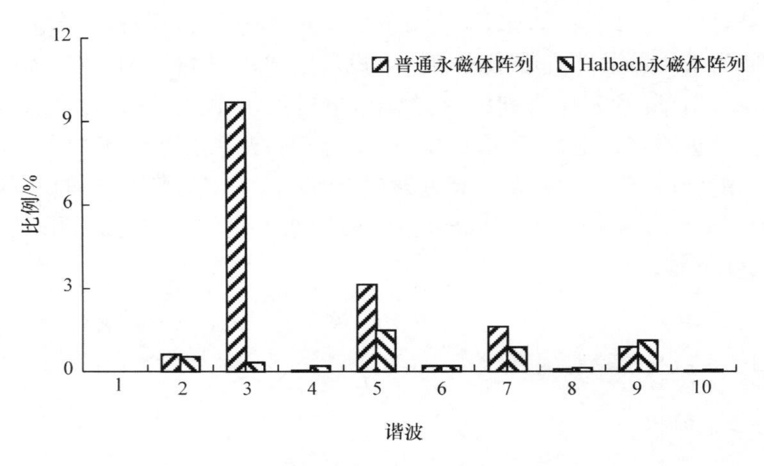

图 3.9　反电势谐波分析

3.3　六相永磁容错电机性能分析

综合 3.2.2 节和 3.2.3 节所述，六相永磁容错电机的超额因数较低，且其失效率和功耗都是较低的。其缺点是在每相绕组采用独立 H 桥驱动拓扑结构时，使用的功率器件数量较多。为此，在实际应用中将其六相并联成三相当做三相电机，或者当做双三相电机使用，从而减小驱动器体积和减轻重量。本章研制的六相永磁容错电机的结构如图 3.10 所示。本节以该电机为例对永磁容错电机性能进行分析。

(a) 示意图

(b) 实物图

图 3.10　六相永磁容错电机结构

3.3.1　磁链分析

如图 3.10 所示，六相永磁容错电机的每相采用集中式单层绕组，各相之间由容错齿(无绕组齿)隔离开，可保证物理上隔离，避免相间短路故障的发生。容错齿还起到各相之间热量相互隔离的作用。容错齿最重要的作用是为各相绕组提供了相对独立的磁路，使各相磁路相互解耦，如图 3.11(a)所示。此外，通过如图 3.11(b)所示的自感和互感(近似为零)波形也能说明各相磁路之间相互影响很小。

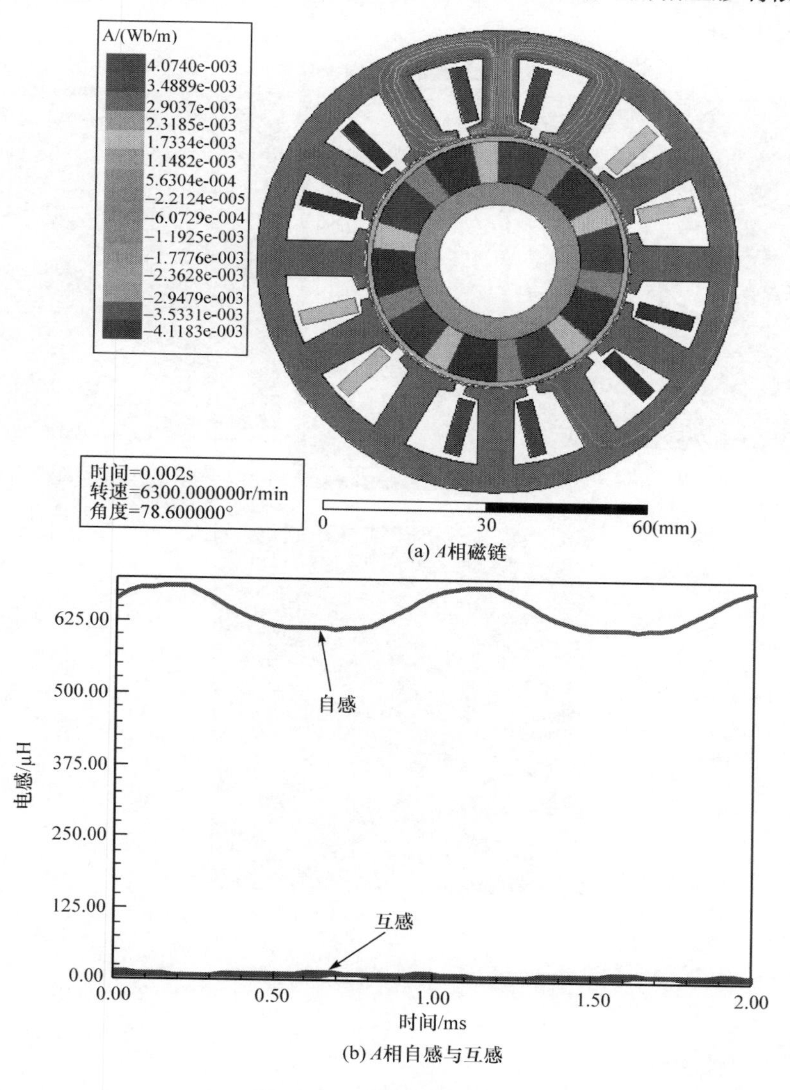

图 3.11　A 相磁链和电感

3.3.2 磁场分析

磁场决定电机的输出性能，是一个非常重要的参数，不但影响电机的动态特性、磁链、转矩输出和反电动势等，还决定绕组发生过载时的电机性能输出。因此，非常有必要分析永磁容错电机的磁场分布情况。如图 3.12 所示为电机磁场分布云图。由此可知，在 2 倍额定负载情况下，电机磁场的饱和程度也不是很严重，况且此电机设计之初，设定最大工况点为 1.5 倍额定负载，因此其磁场分布能够满足设计和使用要求。

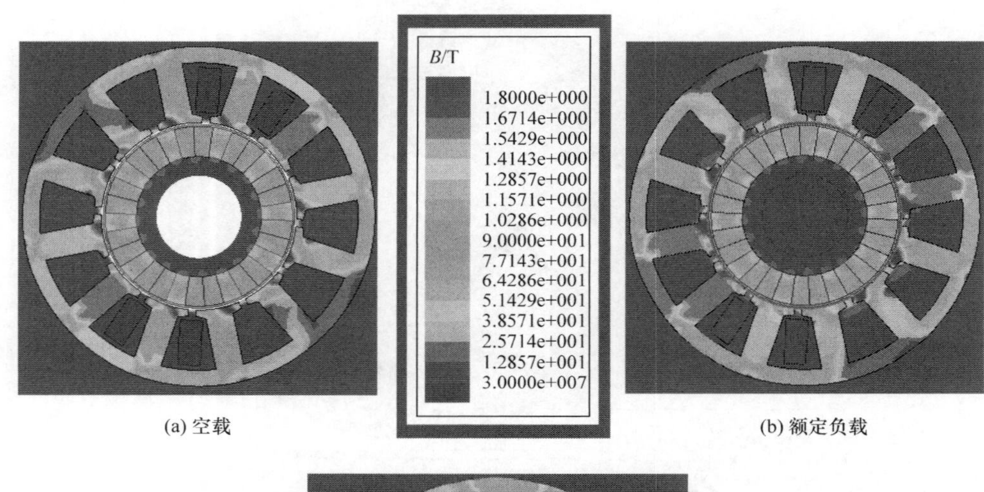

(a) 空载　　(b) 额定负载

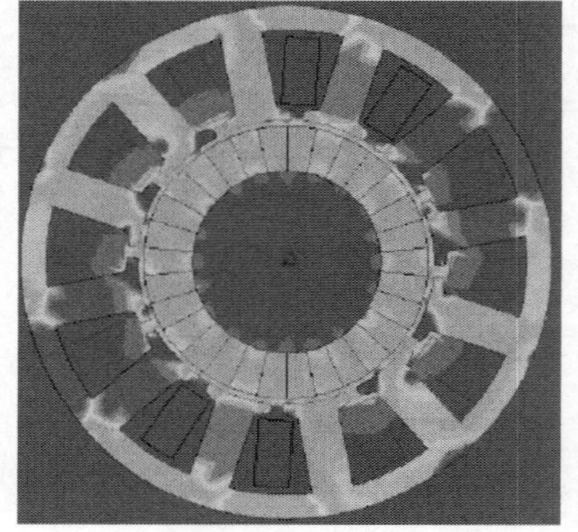
(c) 2倍额定负载

图 3.12　电机磁场分布云图

3.3.3 转矩脉动分析

在同步电机中，反电动势谐波分量是产生转矩脉动的重要原因之一。m 相永

磁容错电机在正常工作时，电机输出转矩可表示为[91]

$$T_e = \frac{1}{\omega_r}\sum_{j=1}^{m}\sum_{n}\left\{I_m E_n \sin\left(p\omega_r t - \frac{2\pi j}{m}\right) \times \sin\left[n\left(p\omega_r t - \frac{2\pi j}{m} - \phi\right)\right]\right\} \tag{3.9}$$

其中，I_m 为电流幅值；ω_r 为转子角速度；E_n 为第 n 次反电动势谐波幅值；ϕ 为初始化相位角。

由于在永磁电机气隙磁场中不存在偶次谐波，因此式(3.9)可重写为

$$T_e = \frac{I_m}{2\omega_r}\sum_{j=1}^{m}\sum_{n}E_n\left\{\cos\left[(n-1)\left(p\omega_r t - \frac{2\pi j}{m}\right) - n\phi\right] - \cos\left[(n+1)\left(p\omega_r t - \frac{2\pi j}{m}\right) - n\phi\right]\right\} \tag{3.10}$$

经过整理，可得

$$T_e = \frac{mI_m E_1}{2\omega_r}\cos\phi + \frac{I_m}{2\omega_r}\sum_{j=1}^{m}\sum_{n}E_n\left\{\cos\left[(n-1)\left(p\omega_r t - \frac{2\pi j}{m}\right) - n\phi\right] - \cos\left[(n+1)\left(p\omega_r t - \frac{2\pi j}{m}\right) - n\phi\right]\right\} \tag{3.11}$$

其中，$n=km\pm 1$，k 为整数。

对四相永磁容错电机来说，其反电动势的所有奇次谐波分量都能产生转矩脉动。对三相和六相永磁容错电机来说，其反电动势所含谐波分量分别为5，7，11，13，17，19，…；对五相永磁容错电机来说，其反电动势所含谐波分量分别为9，11，19，21，29，31，…；对七相永磁容错电机来说，其反电动势所含谐波分量分别为13，15，27，29，41，43，…。

3.3.4　绕组开路性能分析

电机转子所受电磁力主要包括切向电磁力和径向电磁力。切向电磁力取决于定子中通入的电流大小，影响电机输出转矩的大小。正常工作时，由于相对两相通入的电流相位相反、大小相等，偶数相永磁容错电机的转子所受径向电磁力处于一种平衡状态。当某相绕组发生开路故障后，这种平衡状态被打破，使转子所受径向力得以表现出来，具体表现为轴承磨损加速、噪声增大、转矩脉动增大等。

由文献[147]可知，转子所受径向磁拉力分别在 x 轴和 y 轴方向上的表达式为

$$F_x = \frac{rl_a}{2\mu_0}\int_0^{2\pi}\left[(B_\alpha^2 - B_r^2)\cos\alpha + 2B_r B_\alpha \sin\alpha\right]\mathrm{d}\alpha \tag{3.12}$$

$$F_y = \frac{rl_a}{2\mu_0}\int_0^{2\pi}[(B_\alpha^2 - B_r^2)\sin\alpha - 2B_rB_\alpha\cos\alpha]\mathrm{d}\alpha \tag{3.13}$$

其中，r 为气隙半径；l_a 为定子长度；μ_0 为真空磁导率；B_α 为电枢反应磁场；B_r 为永磁体磁场；α 为定子位置角。

3.3.5　绕组短路性能分析

当电机绕组发生短路故障时，能否将短路电流抑制在额定值附近，是判断该电机是否为容错电机的必要条件之一。当绕组发生短路故障时，其由电动状态变为发电状态，绕组两端电压为其反电动势，故短路相电流为

$$I_{sc} = -\frac{E}{R_s + \mathrm{j}\omega_r L_s} \tag{3.14}$$

其中，E 为短路相反电动势；L_s 为短路相绕组电感。

由于相电阻阻值很小，相对感抗而言可以忽略不计，因此式(3.14)可简化为

$$I_{sc} = -\frac{E}{\mathrm{j}\omega_r L_s} \tag{3.15}$$

其幅值为

$$I_{sc\_m} = \frac{E_m}{\omega_r L_s} \tag{3.16}$$

由文献[68]有

$$E_m = K_e N_w \frac{\omega_e}{p} B_g l_\alpha \frac{\pi D_s}{N_s} \alpha_s \tag{3.17}$$

$$I_{rms} = \frac{A_s \pi D_s}{2mN_w} \tag{3.18}$$

其中，K_e 为绕组分布系数；N_w 为绕组匝数；B_g 为气隙磁通量密度峰值；D_s 为定子内径；N_s 为定子齿槽数；α_s 为定子齿宽极弧系数；A_s 为电负荷。

将式(3.17)和式(3.18)代入式(3.16)，可得短路电流幅值为

$$I_{sc\_m} = \frac{K_e \alpha_s I_{rms} B_g}{A_s G} = K_{sc} I_{rms} \tag{3.19}$$

其中，G 为电机比磁导(单位长度内的磁导)；K_{sc} 为短路电流倍数。

由式(3.19)可知，短路电流幅值大小可以通过改变电机的比磁导，而比磁导又取决于齿槽宽度和齿顶(极靴)厚度，因此在设计电机时，可对电机齿槽采取特殊设计(调整齿槽宽度和齿顶厚度)以增大漏抗[69]，从而抑制短路电流，将其限定在额定电流附近，满足电机容错性能要求。

如图 3.13 所示为 A 相绕组发生短路故障后的磁力线分布图，短路电流产生的磁场与永磁体磁场相抵消，使 A 相定子齿上磁链近似为零。并且，经过特殊设

计后的槽口磁导比较大，永磁体磁场N极经过气隙、齿顶和槽口回到永磁体S极上。由于短路电流被抑制在额定电流附近，因此短路电流对其正对的永磁体去磁作用很小。如图3.13所示，A相绕组发生短路时，其正对的永磁体磁力线基本没有变化。

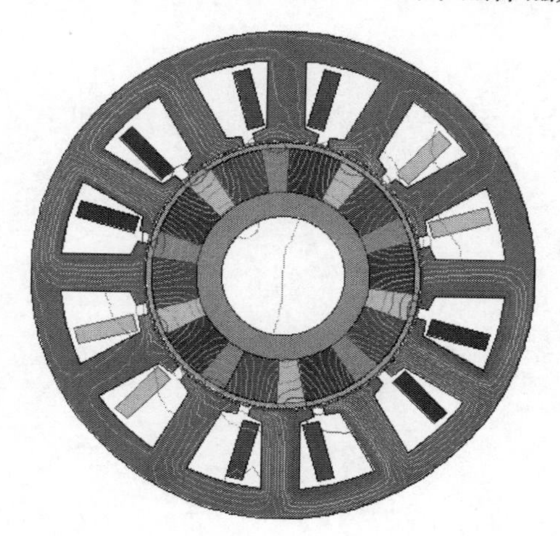

图3.13　A相绕组发生短路故障后磁力线分布图

3.4　六相永磁容错电机数学模型

由前述分析可知，六相永磁容错电机各相在物理、热量、磁路和电气上相互影响很小，每相绕组可看做一个独立的电路，因此六相永磁容错电机的数学模型可描述如下。

3.4.1　电压方程

电机稳态运行时，满足基尔霍夫电压定律(Kirchhoff voltage laws，KVL)，即驱动器加在绕组两端的电压等于绕组内阻上压降与反电动势之和，且反电动势为绕组磁链变化感应产生，因此可得电压方程为

$$u_k = R_s i_k + e_k = R_s i_k + \frac{\mathrm{d}\psi_k}{\mathrm{d}t} \tag{3.20}$$

其中，u_k为绕组两端所加电压；i_k为绕组电流；e_k为绕组反电动势；ψ_k为绕组总磁链。

3.4.2　磁链方程

由前述分析可知，转子采用表面贴装的永磁阵列，每相绕组的总磁链包括电枢反应磁链和永磁体磁链，且由图3.11可知，互感很小，完全可以忽略不计，即在计

算每相绕组的总磁链时可忽略互感的作用。因此，每相绕组的总磁链表达式为

$$\psi_k = L_k i_k + \psi_{rp} \tag{3.21}$$

其中，L_k 为绕组自感；ψ_{rp} 为永磁体磁链。

3.4.3 电动势方程

由前述 3.4.1 节和 3.4.2 节分析可知，电动势方程可表示为

$$\begin{aligned} e_k &= \frac{d\psi_k}{dt} \\ &= L_k \frac{di_k}{dt} + i_k \frac{dL_k}{dt} + \frac{d\psi_{rp}}{dt} \\ &= L_k \frac{di_k}{dt} + i_k \frac{dL_k}{d\theta}\omega_r + \frac{d\psi_{rp}}{d\theta}\omega_r \\ &= e_{L_k} + e_{\omega_r} + e_r \end{aligned} \tag{3.22}$$

其中，$e_{L_k} = L_k \dfrac{di_k}{dt}$ 为绕组自感电动势；$e_{\omega_r} = i_k \dfrac{dL_k}{d\theta}\omega_r$ 为绕组自感运动电动势；$e_r = \dfrac{d\psi_{rp}}{d\theta}\omega_r$ 为永磁体感应电动势。

3.4.4 转矩方程

由功率守恒定律可得下式，即

$$\begin{aligned} P_k &= e_k i_k \\ &= \frac{d}{dt}\left(\frac{1}{2}L_k i_k^2\right) + \left(\frac{1}{2}i_k^2 \frac{dL_k}{d\theta} + i_k \frac{d\psi_{rp}}{d\theta}\right)\omega_r \\ &= \frac{dW_{L_k}}{dt} + T_{ek}\omega_r \end{aligned} \tag{3.23}$$

其中，$W_{L_k} = \dfrac{1}{2}L_k i_k^2$ 为电感储能。

k 相绕组输出的电磁转矩为

$$T_{ek} = \frac{1}{2}i_k^2 \frac{dL_k}{d\theta} + i_k \frac{d\psi_{rp}}{d\theta} = f_{L_k}(\theta) i_k^2 + f_{rp_k}(\theta) i_k \tag{3.24}$$

其中，$f_{L_k}(\theta) = \dfrac{1}{2}\dfrac{dL_k}{d\theta}$ 为 k 相自感的磁阻转矩系数；$f_{rp_k}(\theta) = \dfrac{d\psi_{rp}}{d\theta}$ 为永磁体磁链的永磁体转矩系数。

因此，多相永磁容错电机正常工作时的总转矩输出为

$$T_e = \sum T_{ek} = \sum [f_{L_k}(\theta) i_k^2 + f_{rp_k}(\theta) i_k] \tag{3.25}$$

如果电机的第 k 相发生故障，永磁容错电机各相独立，所以非故障相不受故障相的影响，可以正常工作。因此，故障状态时永磁容错电机总转矩输出为

$$T_{\mathrm{e\_fault}} = \sum_{j\neq k}\left[f_{L_j}(\theta)i_j^2 + f_{rp_j}(\theta)i_j\right] + \begin{cases}0, & \text{开路故障}\\ f_{L_k}(\theta)i_k^2 + f_{rp_k}(\theta)i_k, & \text{短路故障}\end{cases} \tag{3.26}$$

3.5　开路和短路故障容错控制

为了提高电机系统的可靠性，本节对比较常见的绕组开路和短路故障及其容错控制进行研究。容错控制策略的目标是保证电机在故障状态下仍能输出满足要求的转矩，相比较传统的三相电机，多相容错式电机具有更好的容错性能。本章重点研究电机采用六相运行方式时开路、短路故障状态下的容错控制策略。根据故障前后磁动势不变的原则计算剩余正常五相的补偿电流，然后对电机在补偿电流作用下的转矩输出进行仿真分析，并与不采用控制策略时的输出转矩特性进行比较。在单相开路的基础上，针对单相短路故障利用故障分解补偿的方式得出短路故障状态下的补偿电流，即将短路引起的转矩脉动分解为由正常电流缺失引起的转矩脉动和短路电流引起的转矩脉动两部分。通过有限元仿真验证提出的六相永磁容错电机的容错能力和容错策略的有效性。

3.5.1　单相绕组开路故障容错控制

当电机发生故障时，如果能使故障前后电机旋转磁动势保持不变，就能保证输出转矩保持恒定。因此，当电机发生故障时，可通过控制其他相来使旋转磁动势不变，从而保证输出转矩恒定，实现电机的稳定运行。根据旋转磁动势定义可以得到下式，即

$$\mathrm{MMF}=Ni_a+\alpha Ni_b+\alpha^2Ni_c+\alpha^3Ni_d+\alpha^4Ni_e+\alpha^5Ni_f \tag{3.27}$$

其中，N 为每相绕组匝数；$\alpha=\mathrm{e}^{\mathrm{j}(\pi/3)}$。

不失为一般性，假设 A 相开路，按照故障前后磁动势相等的原则，调节剩余通入定子绕组的电流幅值和相位，即

$$\mathrm{MMF}=\alpha Ni_b'+\alpha^2Ni_c'+\alpha^3Ni_d'+\alpha^4Ni_e'+\alpha^5Ni_f' \tag{3.28}$$

设置以铜耗最小为约束条件，可以解得剩余相各相电流为

$$\begin{cases}i_b'=1.453I\cos(5\omega t-2.208)\\ i_c'=I\cos(5\omega t-3.663)\\ i_d'=1.333I\cos(5\omega t-4.712)\\ i_e'=I\cos(5\omega t+0.523)\\ i_f'=1.453I\cos(5\omega t-0.9317)\end{cases} \tag{3.29}$$

3.5.2 单相绕组短路故障容错控制

与开路故障相比，短路故障更为复杂，除了包括由于正常电流缺失导致的转矩脉动，还包括由于短路引起的转矩脉动。因此，一相短路故障的容错策略包括两部分。

① 通过调整非故障相的电流补偿由短路电流引起的转矩脉动。

② 直接使用开路的容错策略使故障前后磁动势保持不变。

不失为一般性，以 A 相短路为例，忽略定子电阻的情况下，短路电流幅值为

$$i_{\mathrm{as}}=\frac{\psi_m}{L_{\mathrm{aa}}} \tag{3.30}$$

$$I_{\mathrm{as}}=i_{\mathrm{as}}\cos\theta \tag{3.31}$$

则可以得到 A 相短路状态下的磁动势，即

$$\mathrm{MMF}_s=Ni_{\mathrm{as}}+\alpha Ni_b'+\alpha^2 Ni_c'+\alpha^3 Ni_d'+\alpha^4 Ni_e'+\alpha^5 Ni_f' \tag{3.32}$$

为消除短路电流引起的转矩脉动，令合成磁动势为零，并设置以铜耗最小为约束条件，解得剩余相各相补偿电流为

$$\begin{cases}i_b'=12.75\sin(5\omega t)\\ i_c'=-12.75\sin(5\omega t)\\ i_d'=-22.5\sin(5\omega t)\\ i_e'=-12.75\sin(5\omega t)\\ i_f'=12.75\sin(5\omega t)\end{cases} \tag{3.33}$$

结合上面开路状态下的容错策略，可以得到短路故障状态下的容错电流表达式为

$$\begin{cases}i_{br}'=1.453I\cos(5\omega t-2.208)+12.75\sin(5\omega t)\\ i_{cr}'=I\cos(5\omega t-3.663)-12.75\sin(5\omega t)\\ i_{dr}'=1.333I\cos(5\omega t-4.712)-22.5\sin(5\omega t)\\ i_{er}'=I\cos(5\omega t+0.523)-12.75\sin(5\omega t)\\ i_{fr}'=1.453I\cos(5\omega t-0.9317)+12.75\sin(5\omega t)\end{cases} \tag{3.34}$$

3.5.3 三相永磁容错电机中单相绕组开路故障容错控制

为了减小驱动器的体积，减轻驱动器的重量，将六相永磁容错电机空间上相对应的两相绕组两两并联，可当做三相永磁容错电机使用。在这种情况下，其只具有单相开路故障容错能力，而不满足单相绕组短路故障容错的条件，因此本节只研究其开路故障容错控制。

正常工作时，三相永磁容错电机的磁动势为

$$\mathrm{MMF}=Ni_a+\alpha Ni_b+\alpha^2 Ni_c \tag{3.35}$$

假设 A 相发生开路故障，采取容错控制后磁动势为

$$\mathrm{MMF}'=\alpha N i_b'+\alpha^2 N i_c' \tag{3.36}$$

令式(3.35)和式(3.36)相等，可得剩余两相容错控制电流，即

$$\begin{cases} i_b'=\sqrt{3}I\cos(5\omega t-5\pi/6) \\ i_c'=\sqrt{3}I\cos(5\omega t-7\pi/6) \end{cases} \tag{3.37}$$

3.5.4 算法验证

根据 3.5.1 节和 3.5.2 节提到的容错算法，通过有限元仿真可以分别给出电机在正常状态下的电流及转矩波形，单相开路和单相短路故障后的转矩波形，以及采用相应的控制策略之后的转矩波形。

如图 3.14 所示为六相永磁容错电机正常运行时的各相反电动势、各相电流和转矩，平均转矩为 18.25N · m，转矩脉动为 0.82%。

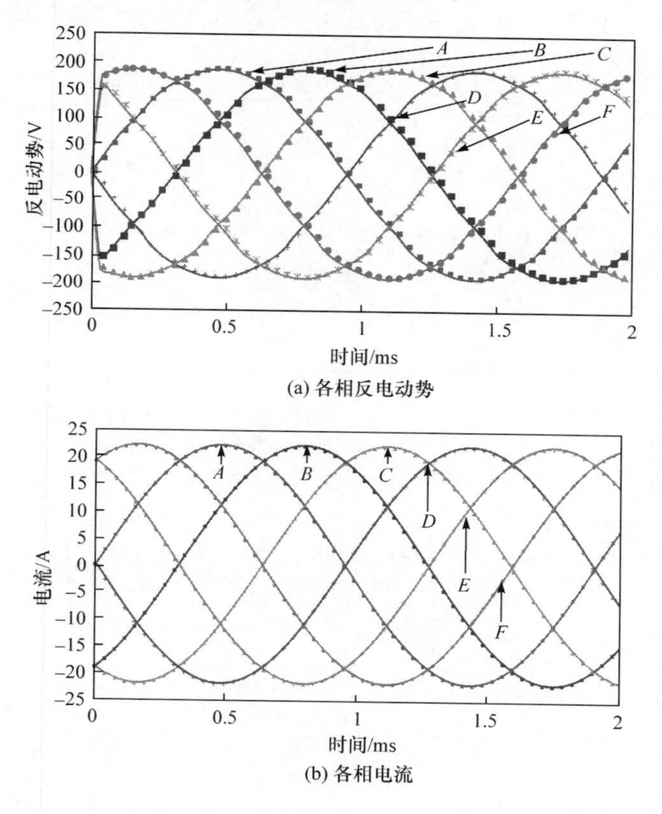

(a) 各相反电动势

(b) 各相电流

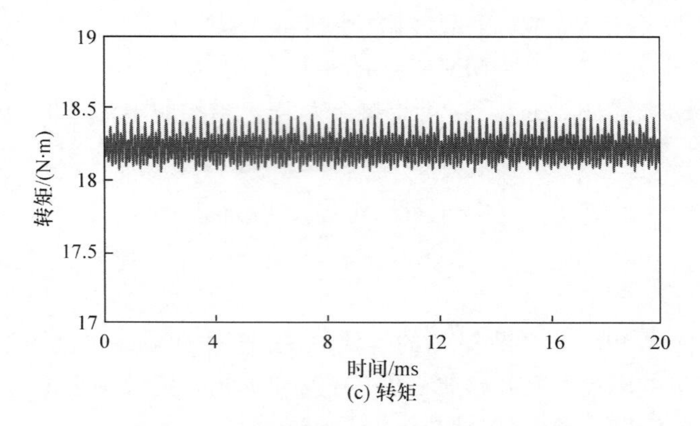

(c) 转矩

图 3.14　电机正常工作时反电动势、电流和转矩

如图 3.15 所示为 A 相发生开路故障后的各相电流和转矩，平均转矩为 16.12N·m，转矩脉动为 16.13%。由此可知，发生开路故障后平均转矩下降，转矩脉动增大很多。

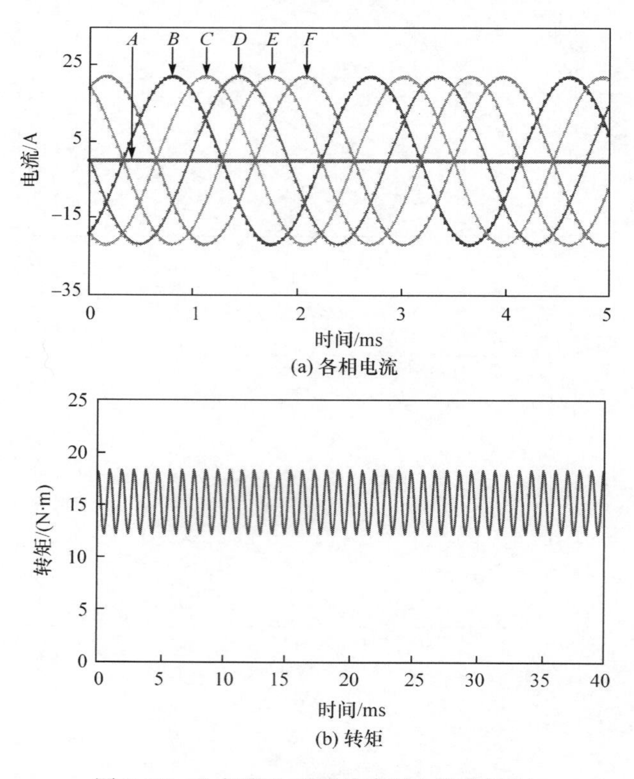

(a) 各相电流

(b) 转矩

图 3.15　A 相发生开路故障后电流和转矩

如图3.16所示为A相开路容错后的各相电流和转矩，平均转矩为18.19N·m，转矩脉动为1.12%。由此可知，开路容错后平均转矩和转矩脉动均恢复到正常值，验证了开路故障容错算法的正确性和有效性。

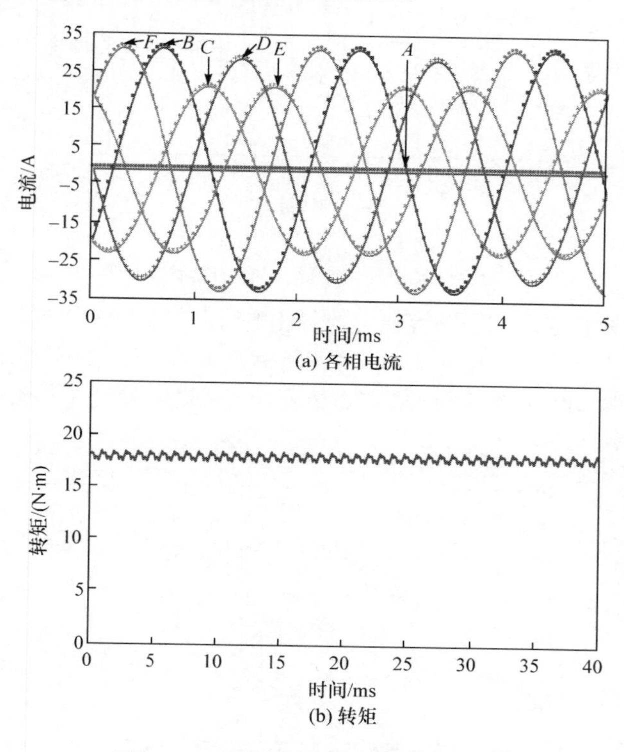

图3.16 A相开路容错后电流和转矩

如图3.17所示为A相发生短路故障后的各相电流和转矩，平均转矩为15.10N·m，转矩脉动为64.286%。由此可知，与开路故障相比，短路故障后不仅平均转矩下降更多，转矩脉动增大更多，会严重影响后续设备的正常运行。

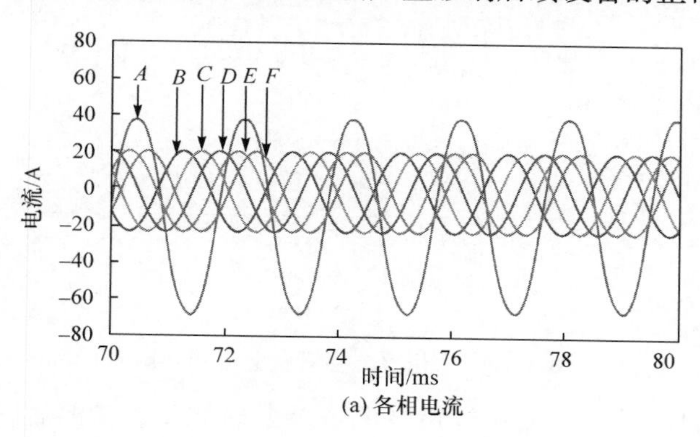

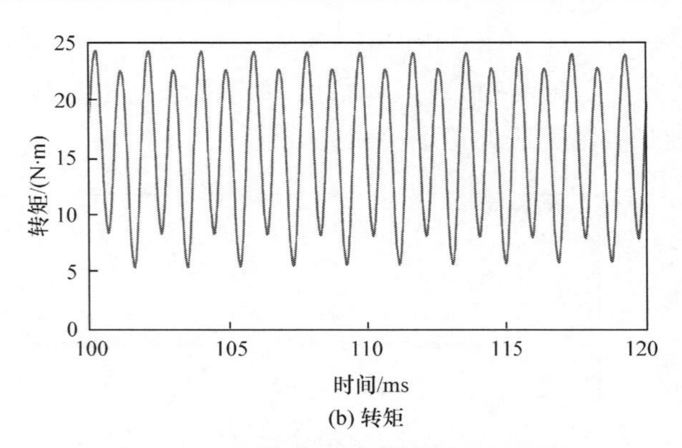

(b) 转矩

图 3.17　*A* 相发生短路故障后电流和转矩

如图 3.18 所示为 *A* 相短路容错后的各相电流和转矩，平均转矩为 15.35N·m，转矩脉动为 16.129%。由此可知，短路容错后平均转矩并未明显增加，但是其转矩脉动下降很多，能够基本保证系统故障-安全，因此也验证了短路故障容错算法的正确性和有效性。

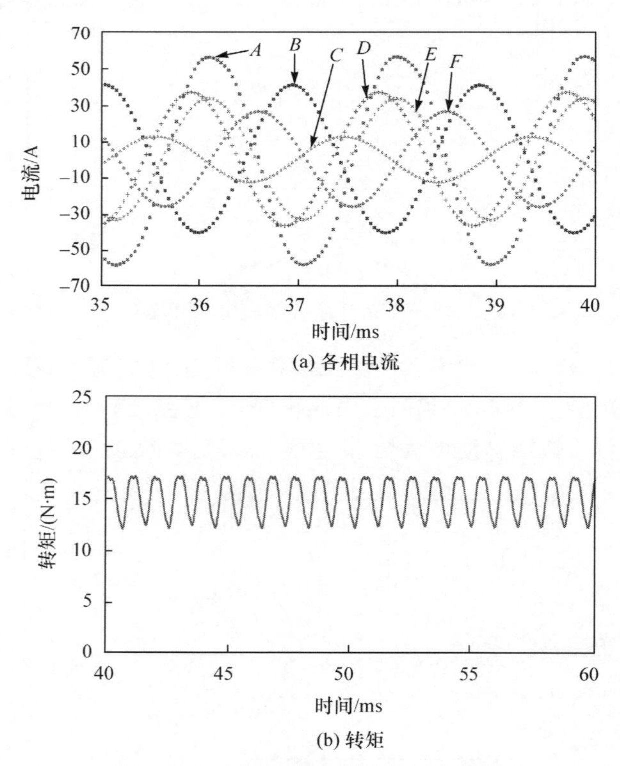

(b) 转矩

图 3.18　*A* 相短路容错后电流和转矩

如图 3.19 所示为三相永磁容错电机 *A* 相开路故障容错前后的转矩和容错控

制电流。发生开路故障时，电机输出平均转矩为 13.5N·m，转矩脉动为 48.148%。进行容错控制后，电机输出平均转矩为 17.65N·m，转矩脉动为 15.0148%。由此可知，三相永磁容错电机的单相绕组开路容错后平均转矩基本得到了恢复，其转矩脉动下降也很多，能够基本保证系统故障-工作，因此也验证了开路故障容错算法的正确性和有效性。

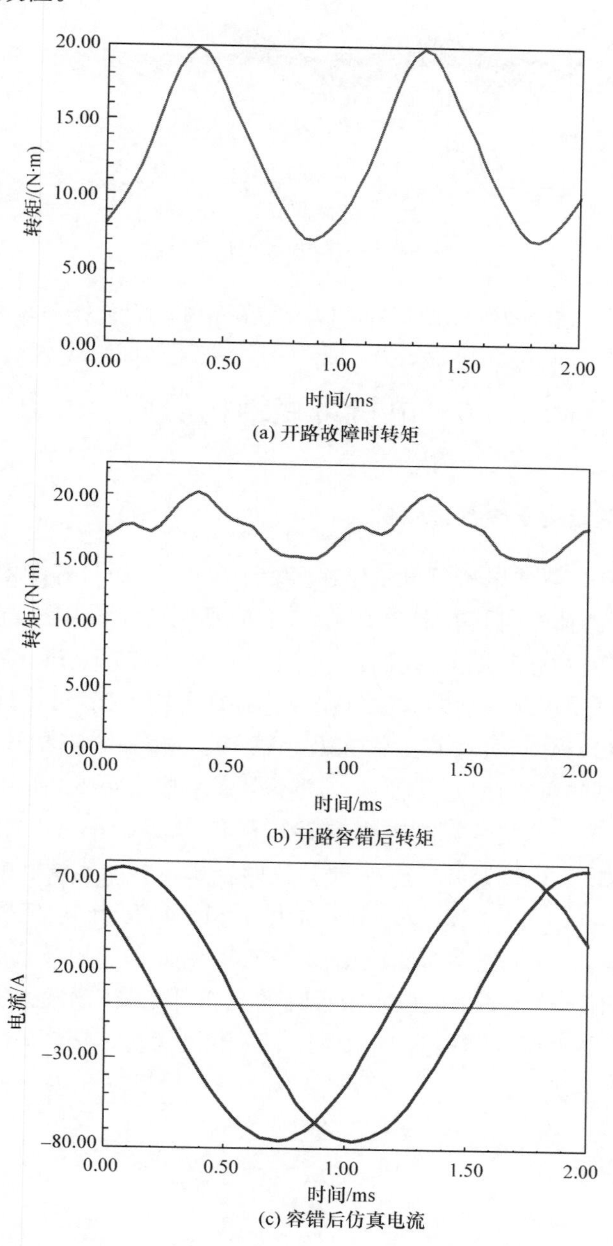

(a) 开路故障时转矩

(b) 开路容错后转矩

(c) 容错后仿真电流

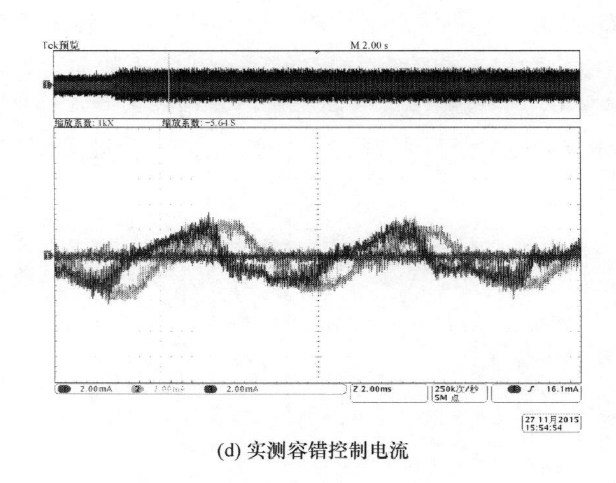

(d) 实测容错控制电流

图 3.19　三相永磁容错电机 A 相开路故障容错前后转矩和容错控制电流

3.6　电机可变结构研究

3.6.1　九相可变结构永磁容错电机

在某些应用中,需要电机可以工作在多个工况点下,而且各个工况点之间变化非常大。为了能够让电机具有多个工况点,适应不同的工作用途,根据理论计算,并在现有电机实验验证基础上,我们设计了一台 18kW 的 18 槽 12 极九相可变结构永磁容错电机,用于绕组变结构控制研究。根据不同工况,可将其绕组变结构形成新的三相电机。另外,可将其工作在九相、3 个三相、2 个三相和 1 个三相模式下,从而实现较高的可靠性,这样使该电机不但在结构上可变,而且具有较高的可靠性和容错性。为了满足变结构电机系统的需求,搭建了一台九相可变结构永磁容错电机模型,如图 3.20 所示。其主要参数如表 3.2 所示。该电机在联合仿真实验时,输出转矩 20.109N · m,转矩脉动为 3.818%,工作电流幅值为 42A,如图 3.21 所示。其分别工作在 3 个三相、2 个三相和 1 个三相模式时,只是电流和转矩有所不同,不再赘述。下面以本节设计的九相可变结构永磁容错电机为对象,重点研究其定子绕组可变结构能力。对非永磁电机而言,其转子上极数或励磁绕组的可变结构暂不研究。

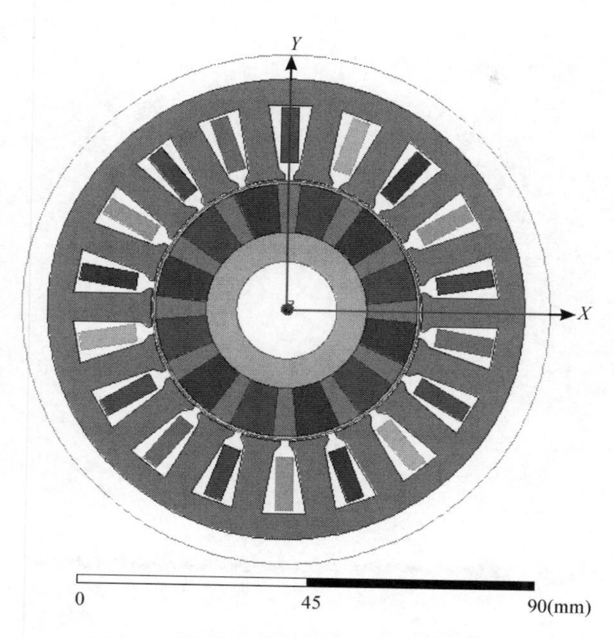

图 3.20　九相可变结构永磁容错电机模型

表 3.2　主要参数表

项目	数值
功率/kW	18
转速/(r/min)	9000
直流母线电压/V	270
额定转矩/(N·m)	20
槽数	18
极数	12
长度/mm	132
外径/mm	95
内径/mm	54
永磁体外径/mm	52
永磁厚度/mm	10

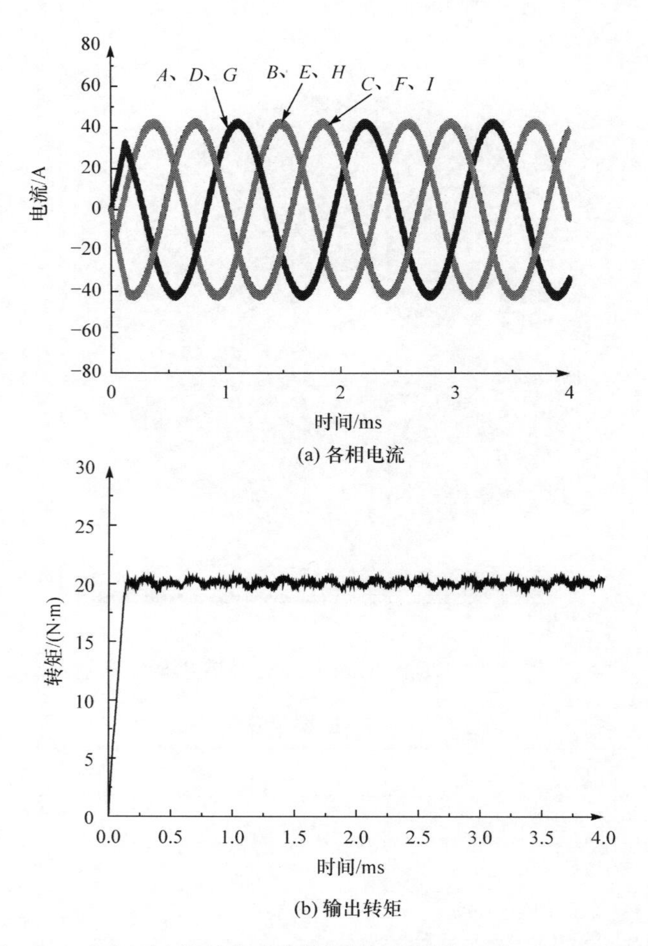

(a) 各相电流

(b) 输出转矩

图 3.21　九相可变结构永磁容错电机九相全部工作时电流和转矩

3.6.2　绕组变结构策略

电机绕组变结构的主要目的是适应不同工况的需求，以变换前后磁动势形状相同为准则，通过变换电机内绕组间的连接方式，实现电机绕组反电动势幅值和相位按照设计的方式变化，达到电机结构可变的效果。

本节主要以独立绕组永磁同步电机为研究对象，其反电动势为正弦波，且每相绕组两端均引出电机外部，便于对其进行操作。

为了更好地对变结构理论进行阐述，简要介绍用到的三角函数运算法则。

和差角公式

$$
\begin{aligned}
\sin(\alpha+\beta)&=\sin\alpha\cos\beta+\cos\alpha\sin\beta\\
\sin(\alpha-\beta)&=\sin\alpha\cos\beta-\cos\alpha\sin\beta\\
\cos(\alpha+\beta)&=\cos\alpha\cos\beta-\sin\alpha\sin\beta\\
\cos(\alpha-\beta)&=\cos\alpha\cos\beta+\sin\alpha\sin\beta
\end{aligned}
\tag{3.38}
$$

和差化积公式

$$
\begin{aligned}
\sin\alpha+\sin\beta&=2\sin\frac{\alpha+\beta}{2}\cos\frac{\alpha-\beta}{2}\\
\sin\alpha-\sin\beta&=2\cos\frac{\alpha+\beta}{2}\sin\frac{\alpha-\beta}{2}\\
\cos\alpha+\cos\beta&=2\cos\frac{\alpha+\beta}{2}\cos\frac{\alpha-\beta}{2}\\
\cos\alpha-\cos\beta&=-2\sin\frac{\alpha+\beta}{2}\sin\frac{\alpha-\beta}{2}
\end{aligned}
\tag{3.39}
$$

积化和差公式

$$
\begin{aligned}
\sin\alpha\cos\beta&=\frac{1}{2}[\sin(\alpha+\beta)+\sin(\alpha-\beta)]\\
\cos\alpha\sin\beta&=\frac{1}{2}[\sin(\alpha+\beta)-\sin(\alpha-\beta)]\\
\sin\alpha\sin\beta&=\frac{1}{2}[\cos(\alpha-\beta)-\cos(\alpha+\beta)]\\
\cos\alpha\cos\beta&=\frac{1}{2}[\cos(\alpha+\beta)+\cos(\alpha-\beta)]
\end{aligned}
\tag{3.40}
$$

有了上述三角函数的基本公式，下面阐述变结构理论。

由于每相绕组的反电动势为正弦波，而且每相绕组采取独立控制，因此可以结合后续第 4 章提到的可变结构式驱动拓扑结构，进行若干个绕组的串并联组合。以本节设计的九相可变结构永磁容错电机为例，其磁链波形如图 3.22 所示。从波形上可知，其每相绕组磁链为相位相差 120°的正弦波，由此可知其反电动势也是相差 120°的正弦波。从而九相绕组可以分为 3 组三相绕组电机模块，即可分为 ABC、DEF 和 GHI 三组。

为了能够将电机绕组结构进行变化，通过理论推导，可将相邻三相绕组通过不同的串联方式，形成新的一相绕组，并且新三相绕组之间，每相绕组相位差也是 120°，从而可将新的三相绕组当做普通的三相独立绕组电机来进行驱动控制。

在变结构前，九相绕组的反电动势为

$$
\begin{cases}
e_a=e_d=e_g=E\sin(n_p\omega t)\\
e_b=e_e=e_h=E\sin(n_p\omega t-2\pi/3)\\
e_c=e_f=e_i=E\sin(n_p\omega t-4\pi/3)
\end{cases}
\tag{3.41}
$$

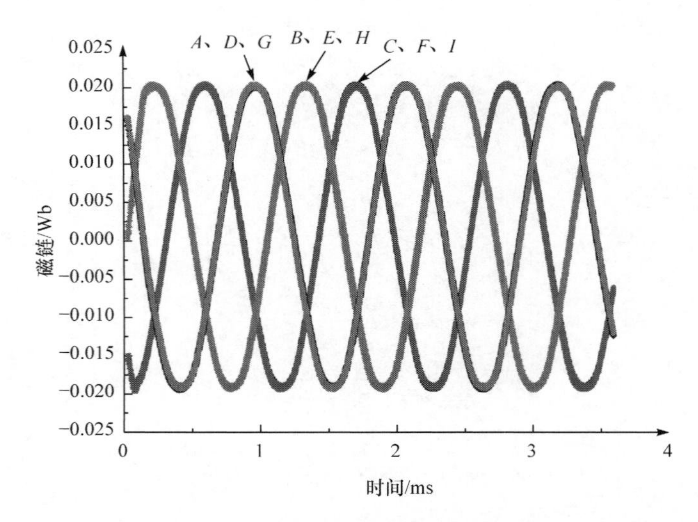

图 3.22　九相可变结构永磁容错电机磁链波形

变结构后，新三相绕组的反电动势为

$$\begin{cases}e_a'=e_a-e_b+e_c\\e_b'=e_e-e_f+e_d\\e_c'=e_i-e_g+e_h\end{cases}\tag{3.42}$$

运用式(3.38)～式(3.40)，将式(3.42)进行整理后可得下式，即

$$\begin{cases}e_a'=e_a-e_b+e_c=2E\sin(n_p\omega t+\pi/3)\\e_b'=e_e-e_f+e_d=2E\sin(n_p\omega t-2\pi/3+\pi/3)\\e_c'=e_i-e_g+e_h=2E\sin(n_p\omega t-4\pi/3+\pi/3)\end{cases}\tag{3.43}$$

由式(3.43)可知，与变结构前反电动势相比，变结构后新三相绕组 $A'B'C'$ 的反电动势幅值为变结构前的 2 倍，新三相绕组之间相位差还是 $2\pi/3$，每相绕组较变结构前绕组相位超前 $\pi/3$，变结构后的新三相绕组也可以采用独立 H 桥驱动拓扑结构。这样较之前省去 6 个独立 H 桥驱动拓扑，同时新三相电机输出功率为变结构前的 4 倍。

若将每组三相绕组重新进行组合，又会产生新的一组三相电机，即

$$\begin{cases}e_a'=e_a+e_b-e_c=2E\sin(n_p\omega t-\pi/3)\\e_b'=e_e+e_f-e_d=2E\sin(n_p\omega t-2\pi/3-\pi/3)\\e_c'=e_i+e_g-e_h=2E\sin(n_p\omega t-4\pi/3-\pi/3)\end{cases}\tag{3.44}$$

由式(3.44)可知，与变结构前反电动势相比，变结构后新三相绕组 $A'B'C'$ 的反电动势幅值为变结构前的 2 倍，新三相绕组之间相位差还是 $2\pi/3$，每相绕组较变结构前绕组相位滞后 $\pi/3$，变结构后的新三相绕组也可以采用独立 H 桥驱动拓扑结构。这样较之前省去了 6 个独立 H 桥驱动拓扑，同时新三相电机输出功率为

变结构前的 4 倍。其他的组合方式，与之类似，不再一一赘述。

3.6.3　绕组变结构仿真和实验验证

为了验证 3.6.2 节绕组变结构策略的正确性，编写 MATLAB 程序，进行仿真验证。九相可变结构永磁容错电机变结构前后反电动势波形如图 3.23 所示，实线为变结构前的反电动势波形，点划线为重构后的反电动势波形。后者在幅值上为前者的 2 倍，变结构后的每相绕组相位较变结构前的绕组相位超前 $\pi/3$，从而验证了提出的绕组变结构策略的正确性和有效性，达到了变结构的目的，可以满足多工况的需求。

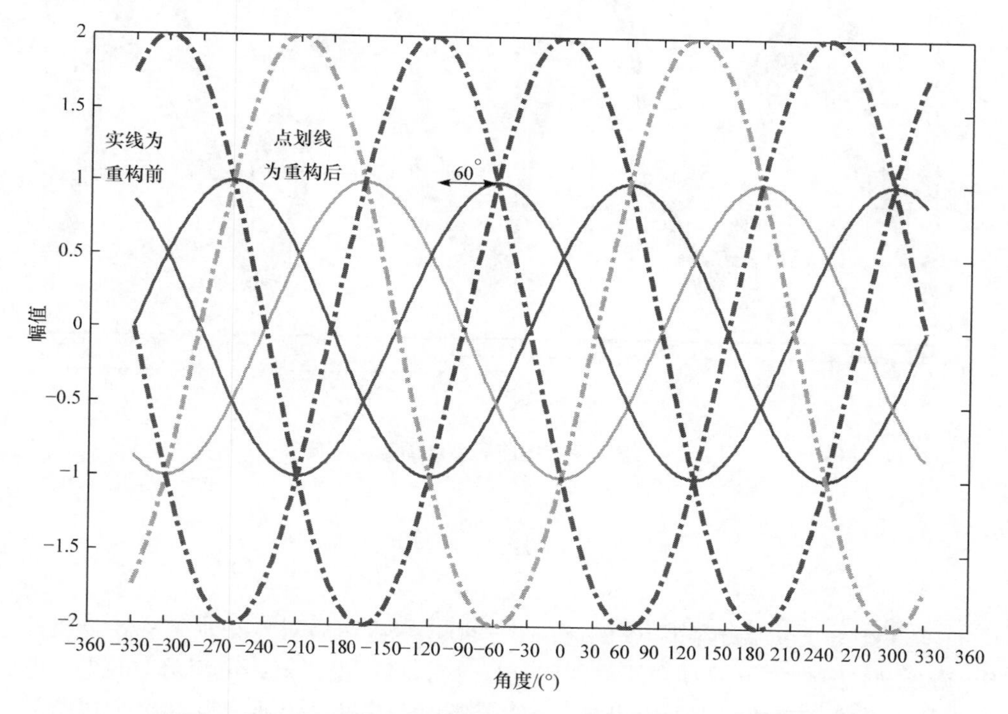

图 3.23　九相可变结构永磁容错电机变结构前后反电动势波形图

虽然绕组变结构策略从理论推导和仿真上均得到验证，但是为了更加真实地验证变结构策略，现以 3.3 节研制的六相永磁容错电机为实验对象，将其六相绕组分为两组三相绕组，分别为 ABC 和 DEF，每组三相绕组相位差 $2\pi/3$，将其中 ABC 三相绕组按照式(3.43)进行变结构成新的一相绕组 A'，同时测量新绕组 A'（示波器通道 1）和另外一组 DEF 绕组的第一相绕组 D（示波器通道 3）两端的反电动势，将电机运转到 1200r/min，测量的波形如图 3.24 所示。由图 3.24 可知，绕组 A' 的反电动势幅值为绕组 D 的 2 倍（80V/40V），相位上超前 $\pi/3$（每个周期 10ms，超前

1.667ms 左右)，与式(3.43)的理论推导值一致，验证了绕组变结构策略的正确性和有效性。

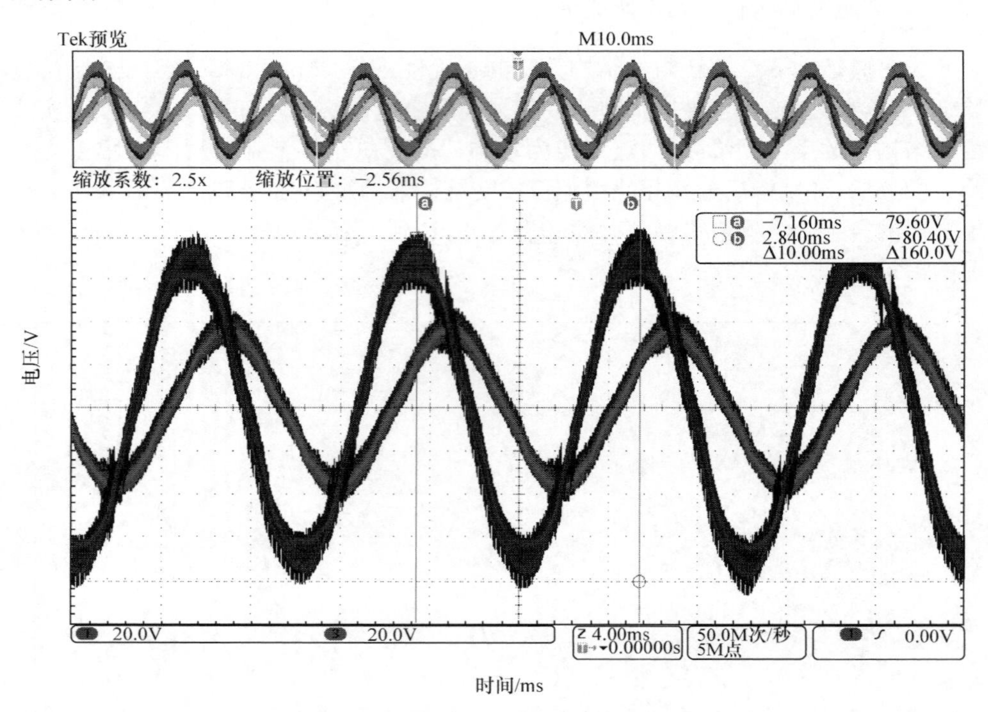

图 3.24 绕组变结构前后反电动势实测波形

3.7 小 结

本章首先分析永磁容错电机结构对性能的影响，然后对六相永磁容错电机磁链、磁场、转矩脉动、开路和短路等性能进行分析，推导电机短路电流倍数与电机电磁参数关系式。在此基础上给出样机的数学模型，并进一步研究其开路和短路故障容错策略。为了能够让电机适应不同的工况，本章设计了一台 18kW 的 18 槽 12 极九相可变结构永磁容错电机，以其为研究对象进行绕组变结构控制研究，提出绕组变结构策略，并进行仿真和实验验证，证明了绕组变结构策略的正确性和有效性。

第4章　可变结构式驱动拓扑结构

4.1 引　　言

在某些场合，经常要求电机系统具备多个(额定或者极端)工况点，如低转速小扭矩输出、高转速大扭矩输出、低转速大扭矩输出、高转速低扭矩输出等，这就要求电机系统具备多种输出能力，同时具备在线可变能力。为了实现上述功能要求，一般电机系统多采用多电机＋离合器架构。但是，其缺点也比较明显，如系统复杂、体积大、重量重、机械噪声和震动大等。为了解决上述问题，本章提出可变结构容错式电机系统，即采用具备可变结构的容错电机和容错式驱动拓扑结构，使其具有多工况点输出能力，同时具有故障容错能力。

本章主要介绍提出的可变结构式驱动拓扑结构。该结构与可变结构容错电机相互配合使用，能够使电机工作在多个工况点，同时在电机绕组、驱动器电源或者功率管等发生故障时，具备一定的故障容错能力。根据不同的需求，本章提出两种可变结构式驱动拓扑结构，一种是 H 桥可变结构式驱动拓扑，另外一种是可在星形与 H 桥之间变换的可变结构式驱动拓扑。

4.2 冗余电源可重构容错式驱动拓扑结构

为提高电动作动系统中所用电机驱动系统的可靠性，本章提出一种冗余电源可重构容错式驱动拓扑结构(图 4.1)，能够在发生故障时，通过打开或关闭相应的重构开关，使驱动器结构发生变化，实现容错重构功能。整个容错驱动控制电机系统如图 4.2 所示。

下面首先介绍这种冗余电源可重构容错式驱动拓扑结构。为了提高供电系统的可靠性，驱动拓扑采用双电源供电 VDC1 和 VDC2；每相采用独立 H 桥驱动，由四个功率管(MOSFET)T_At、T_Ab、T_at、T_ab 组成，这里的 A 代表 A 相的左桥臂，相应的 a 代表 A 相的右桥臂，t 表示上管(top)，b 代表下管(bottom)，并且每个桥臂上串联一个自恢复保险丝 F_x(x 代表每相桥臂)，用于防止桥臂发生短路故障时，保护供电电源；重构开关由 8 个 IGBT 组成，表示为 T1～T8，由容错控制器控制重构开关使之驱动拓扑结构进行重构，实现故障容错功能。

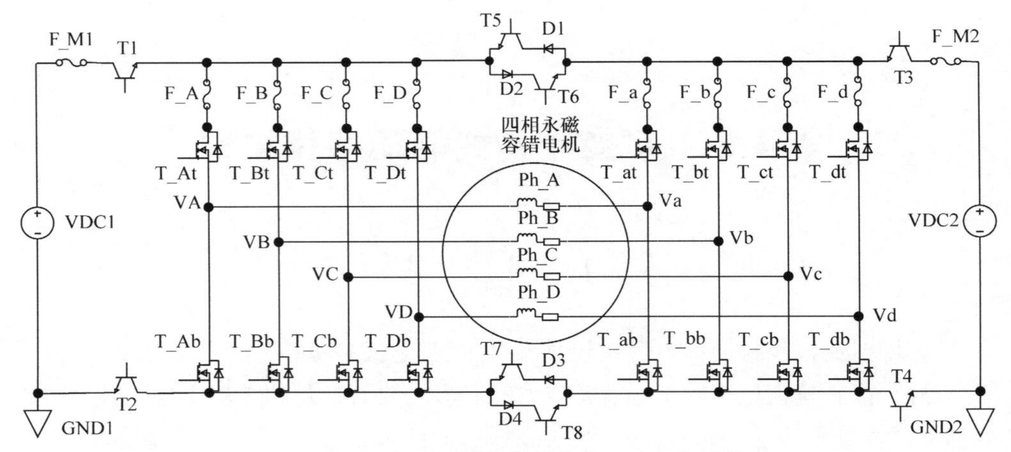

图 4.1　冗余电源可重构容错式驱动拓扑结构

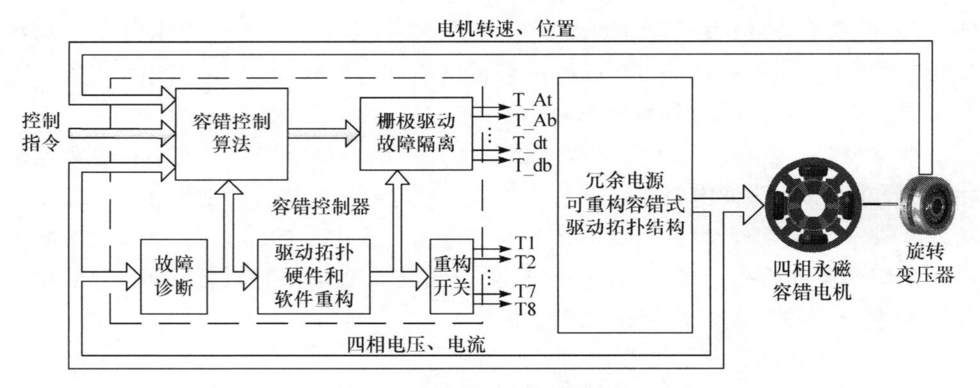

图 4.2　容错驱动控制电机系统

4.2.1　正常工作

1. 单电源供电

在正常工作时，可以单电源供电，由表 4.1 可知，可将重构开关 T1、T2、T6 和 T7 打开，同时将另外 4 个重构开关关闭，这样电流从电源 VDC1 正极流出，经过 F_M1、T1、D2、T6、功率管、电机绕组、D3、T7 和 T2，最终流回电源负极 GND1，如图 4.3 所示。在单电源供电时，每相采用独立 H 桥驱动，与容错电机每相采用独立 H 桥驱动完全一样，这样电机相电压数学模型为

表 4.1　冗余电源可重构容错式驱动拓扑结构正常及开路故障容错重构真值表

工作状态	容错重构控制开关管状态(1:开;0:关)							
	T1	T2	T3	T4	T5	T6	T7	T8
单电源工作	1	1	0	0	0	1	1	0
双电源工作	1	1	1	1	0	0	0	0
两边重构开关(或保险丝)开路	0	1/0	1	1	1	0	0	1
中间重构开关(或二极管)开路	1	1	1	1	0	0	0	0
单电源开路	1/0	1/0	1	1	1	0	0	1
单电源单管开路 1	1	1	0	0	0	1	1	0
单电源单管开路 2	1	1	0	0	0	0	0	0
双电源单管开路 1	1	1	1	1	0	0	0	0
双电源单管开路 2	0	0	1	1	0	0	0	0

$$\begin{cases} U_A = V_A - V_a \\ U_B = V_B - V_b \\ U_C = V_C - V_c \\ U_D = V_D - V_d \end{cases} \tag{4.1}$$

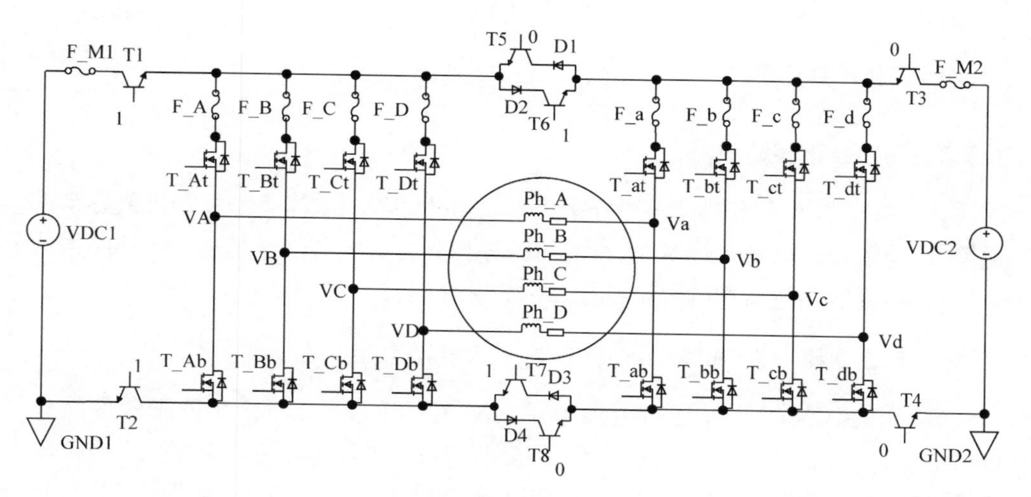

图 4.3　单电源供电

2. 双电源供电

由表 2.1 可知,供电系统的失效率(5.4×10^{-5}/h)也比较高,为提高驱动系统的可靠性,可以采用双电源供电。由表 4.1 可知,可将重构开关 T1、T2、T3 和 T4

打开，同时将另外 4 个重构开关关闭。这样左右各 4 个桥臂分别由电源 VDC1 和电源 VDC2 供电，如图 4.4 所示。这里要注意的是，因为采用双电源供电，在计算各相电压时需要考虑两个电源地之间的压差，所以电机相电压数学模型为

$$\begin{cases}U_A=V_A-V_a+V_{GND1}-V_{GND2}\\U_B=V_B-V_b+V_{GND1}-V_{GND2}\\U_C=V_C-V_c+V_{GND1}-V_{GND2}\\U_D=V_D-V_d+V_{GND1}-V_{GND2}\end{cases}\tag{4.2}$$

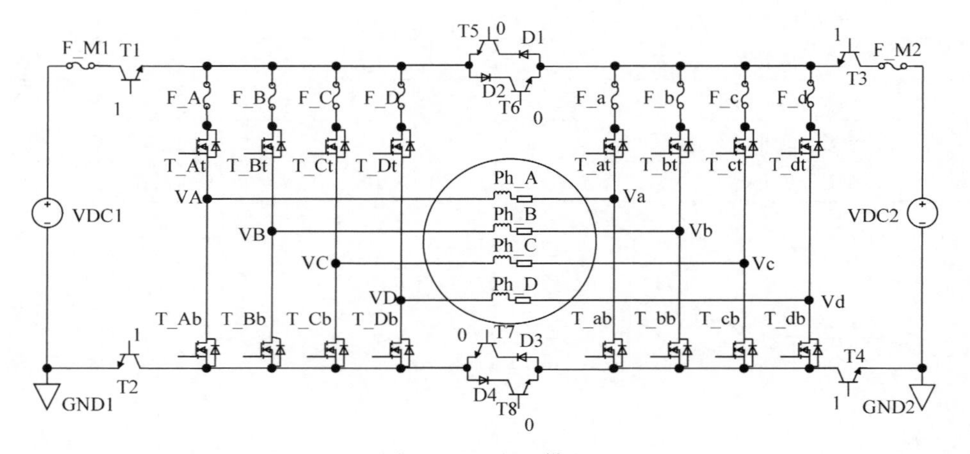

图 4.4　双电源供电

4.2.2　开路故障容错策略

接下来分析冗余电源可重构容错式驱动拓扑结构的故障类型和相应的容错重构策略，为了便于分析和理解，本章对故障进行分类。本节仅介绍驱动拓扑结构的开路故障，其短路故障重构容错将在 4.2.3 节介绍。

1. 两边重构开关(或保险丝)开路故障及容错策略

当双电源供电时，假设两边某个重构开关(T1、T2、T3 和 T4)或者保险丝(F_M1 和 F_M2)发生开路故障，因为主路发生了开路，假设重构开关 T1 或保险丝 F_M1 发生开路，使电源 VDC1 从驱动器上断开，那么重构开关 T2 不管是打开，还是关闭都没有影响。为保证整个驱动器能够正常工作，由表 4.1 可知，可将重构开关 T3、T4、T5 和 T8 打开，同时将另外两个重构开关关闭。这样电流从电源 VDC2 正极流出，经过 F_M2、T3、D1、T5、功率管、电机绕组、D4、T8 和 T4，最终流回电源负极 GND2，如图 4.5 所示。经过驱动拓扑结构的重构，这样就转换为单电源供电。

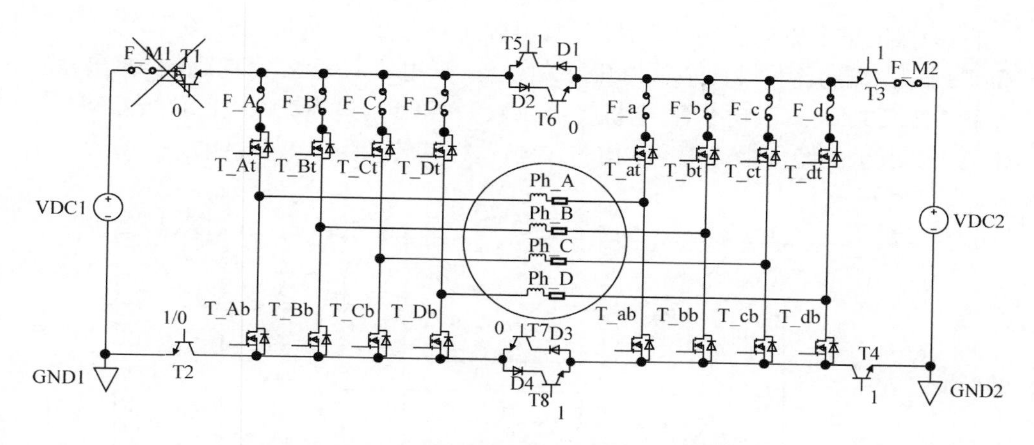

图 4.5　两边重构开关(或保险丝)开路故障及容错策略

2. 中间重构开关(或二极管)开路故障及容错策略

当单电源供电时,假设中间某个重构开关(T5、T6、T7 和 T8)或者二极管(D1、D2、D3 和 D4)发生开路故障。这里假设重构开关 T5 或 D1 发生开路,因为主路发生开路,为使驱动器处于可控的高可靠性正常运行,由表 4.1 可知,可将重构开关 T1、T2、T3 和 T4 打开,同时将重构开关 T6、T7 和 T8 都关闭,如图 4.6 所示。经过驱动拓扑结构的重构,这样就转换为双电源供电。

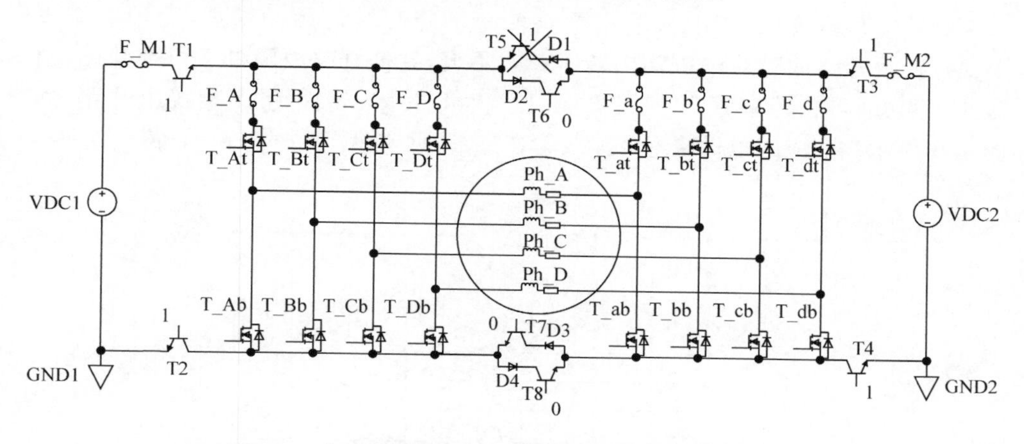

图 4.6　中间重构开关(或二极管)开路故障及容错策略

3. 单电源开路故障及容错策略

当双电源供电时,假设电源 VDC1 发生开路故障。因为电源发生了开路,电源 VDC1 从驱动器上断开,所以容错开关 T1 和 T2 不管是打开,还是关闭都没有影响，为保证整个驱动器能够正常工作，由表 4.1 可知，可将重构开关 T3、T4、T5 和 T8 打开，同时将另外两个重构开关关闭。这样电流从电源 VDC2 正极流出，经过 F_M2、T3、D1、T5、功率管、电机绕组、D4、T8 和 T4，最终流回电源负极 GND2，如图 4.7 所示。经过驱动拓扑结构的重构，这样就转换为单电源供电。

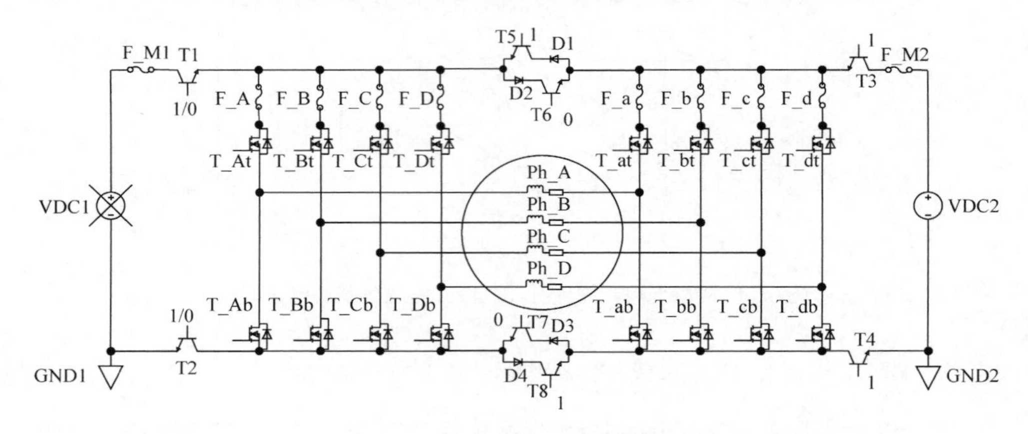

图 4.7　单电源开路故障及容错策略

4. 单电源单管开路故障及容错策略

当单电源供电时，假设靠近工作电源 VDC1 的 A 相左边桥臂下面功率管 T_Ab 发生开路故障，使电机输出平均转矩下降和转矩脉动增加，为使功率管 T_Ab 发生开路故障对电机输出转矩影响不大，并使开路故障处于可控状态，由表 4.1 可知，可将功率管 T_At、T_at 和 T_ab 关闭，转换为 A 相绕组开路，如图 4.8 所示。相应的电机绕组开路故障容错，请见文献[72]，[133]介绍。如果是

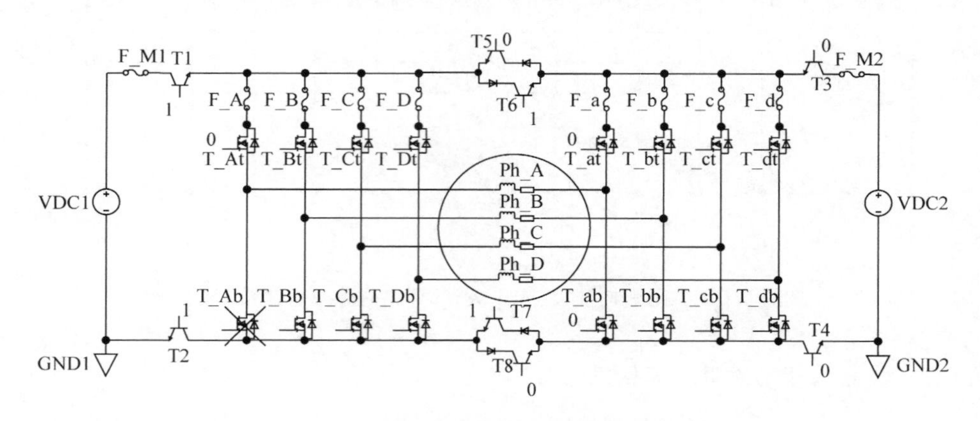

图 4.8　单电源单管开路故障及容错策略 1

靠近没有工作的电源 VDC2 的桥臂下面功率管 T_ab 发生开路故障,使电机输出平均转矩下降和转矩增加,为实现开路故障容错,由表 4.1 可知,可将容错开关 T5、T6、T7 和 T8 关闭,同时将功率管 T_bb、T_cb 和 T_db 关闭,并将功率管 T_at、T_bt、T_ct 和 T_dt 打开(常开),可将每相独立 H 桥驱动结构重构转换为星形连接驱动拓扑结构,如图 4.9 所示。这样使容错后的电机转矩接近正常值。其他的功率管开路故障,类似处理。

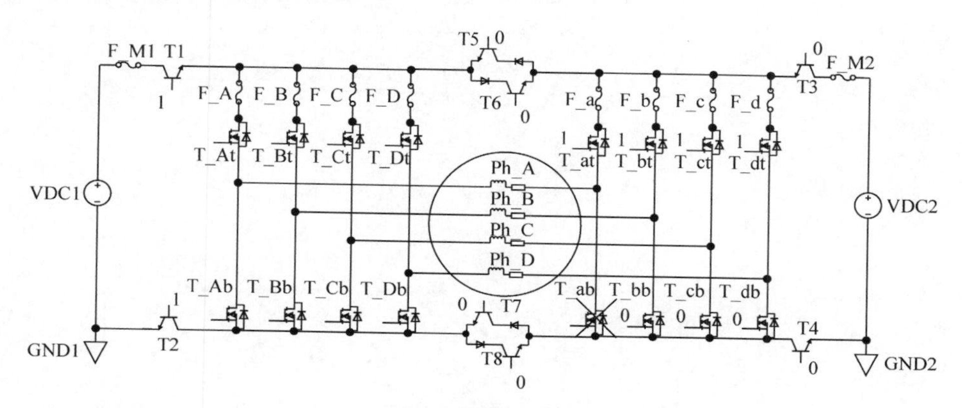

图 4.9　单电源单管开路故障及容错策略 2

5. 双电源单管开路故障及容错策略

当双电源供电时,假设 A 相左边桥臂下面功率管 T_Ab 发生开路故障,使电机输出平均转矩下降和转矩脉动增加。为了使功率管 T_Ab 发生开路故障对电机输出转矩影响不大,并使开路故障处于可控状态,由表 4.1 可知,可以有两种容错策略。第一种策略是,将功率管 T_At、T_at 和 T_ab 关闭,转换为 A 相绕组开路,如图 4.10 所示。相应的电机绕组开路故障容错,请见文献[72],[133]介绍。第二种策略是,首先将容错开关 T1 和 T2 关闭,将 VDC1 从驱动器上隔离开,转换为单电源供电,并将功率管 T_Bb、T_Cb 和 T_Db 关闭,将 T_At、T_Bt、T_Ct 和T_Dt 打开(常开),如图 4.11 所示。这样可将电机驱动拓扑方式从双电源独立 H 桥驱动转换为单电源星形连接驱动,使容错后的电机转矩接近正常值。其他的功率管开路故障,类似处理。

4.2.3　短路故障容错策略

接下来分析冗余电源可重构容错式驱动拓扑结构的短路故障类型和相应的容错重构策略。为了便于分析和理解,本章将故障进行分类。如表 4.2 所示为冗余电源可重构容错式驱动拓扑结构短路故障容错重构真值表。

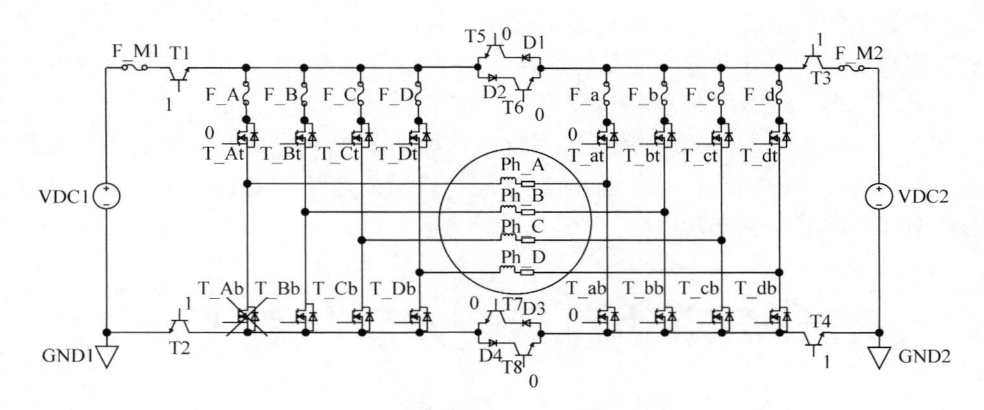

图 4.10　双电源单管开路故障及容错策略 1

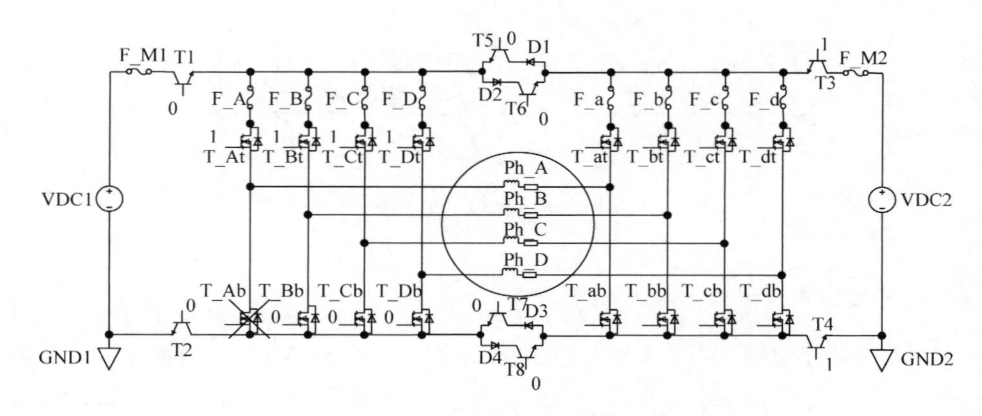

图 4.11　双电源单管开路故障及容错策略 2

表 4.2　冗余电源可重构容错式驱动拓扑结构短路故障容错重构真值表

工作状态	容错重构控制开关管状态(1:开;0:关)							
	T1	T2	T3	T4	T5	T6	T7	T8
两边重构开关短路	1/0	0	1	1	1	0	0	1
中间重构开关(或二极管)短路	1	1	1	1	0	0	0	0
单电源短路 1	0	0	1	1	1	0	0	1
单电源短路 2	0	0	1	1	0	0	0	0
单电源单管短路 1	1	1	0	0	0	1	1	0
单电源单管短路 2	1	1	0	0	0	1	1	0
双电源单管短路 1	0	0	1	1	0	0	0	0
双电源单管短路 2	1	1	1	1	0	0	0	0

1. 两边重构开关短路故障及容错策略

当双电源供电时,假设两边某个重构开关(T1、T2、T3 和 T4)发生短路故障。为了便于说明短路故障容错策略,假设重构开关 T1 发生短路,使电源 VDC1 处于不受控状态,因为驱动器此时采用的双电源供电,重构开关 T1 发生短路,对整个驱动器没有影响。为了使驱动器处于可控的高可靠性正常运行状态,由表 4.2 可知,可考虑将重构开关 T5 和 T8 打开,同时将 T2 关闭,T1 因为处于短路状态,打开和关闭都可以。为了安全,推荐将其关闭,也就是说将电源 VDC1 从驱动器上切除,仅有电源 VDC2 给整个驱动器供电。这样电流从电源 VDC2 正极流出,经过 F_M2、T3、D1、T5、功率管、电机绕组、D4、T8 和 T4,最终流回电源负极 GND2,如图 4.12 所示。经过驱动拓扑结构的重构,这样就转换为单电源供电。

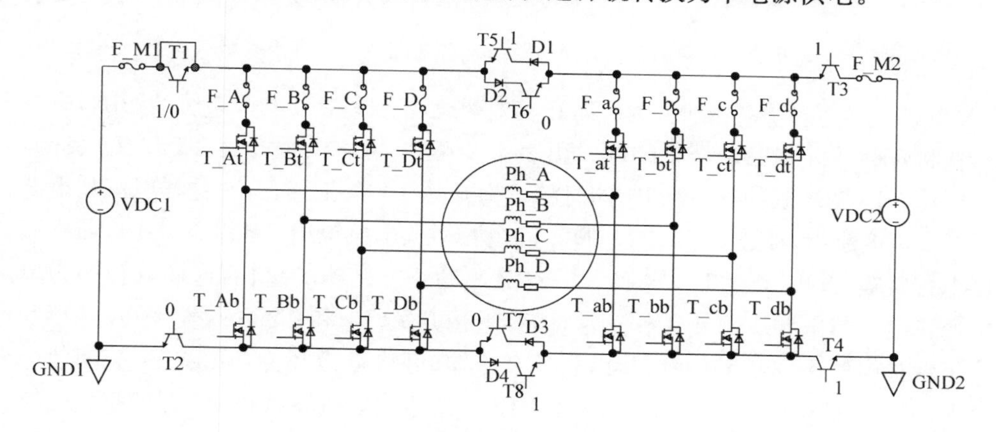

图 4.12 两边重构开关短路故障及容错策略

2. 中间重构开关(二极管)短路故障及容错策略

当单电源供电时,假设中间某个重构开关(T5、T6、T7 和 T8)或者二极管(D1、D2、D3 和 D4)发生短路故障。为了便于说明短路故障容错策略,假设重构开关 T7、T8 或者二极管 D3、D4 发生短路,因为此时为单电源供电,它们短路对整个驱动器没有影响。为了使驱动器处于可控的高可靠性正常运行状态,由表 4.2 可知,将重构开关 T1、T2、T3 和 T4 打开,同时将重构开关 T6、T7 和 T8 都关闭,如图 4.13 所示。经过驱动拓扑结构的重构,这样就转换为双电源供电。

3. 单电源短路故障及容错策略

当双电源供电时,假设电源 VDC1 这一侧发生短路故障,包括电源 VDC1 本身短路和重构开关 T1 和 T2 右端短路两种故障情况,下面分别进行阐述。当电源

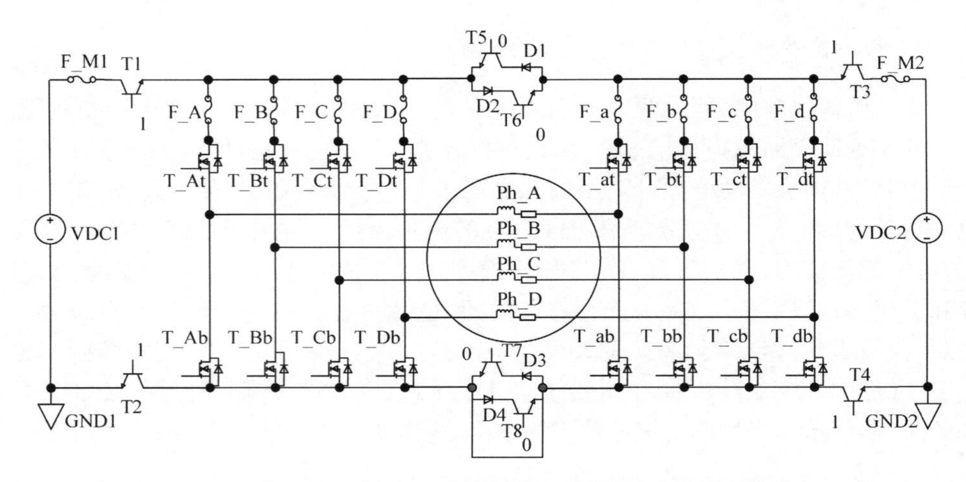

图 4.13　中间重构开关(或二极管)短路故障及容错策略

VDC1 本身发生短路故障时,为了防止其对驱动器乃至整个电机系统的影响,应该尽快将短路故障从驱动器上切除。由表 4.2 可知,可将重构开关 T1 和 T2 关闭,使电源 VDC1 从驱动器上断开,同时将重构开关 T5 和 T8 打开。这样电流从电源 VDC2 正极流出,经过 F_M2、T3、D1、T5、功率管、电机绕组、D4、T8 和 T4,最终流回电源负极 GND2,如图 4.14 所示。经过驱动拓扑结构的重构,这样就转换为单电源供电。当电源 VCD1 工作正常,而其重构开关 T1 和 T2 右端发生短路故障,为了保护电源 VDC1 和驱动器,由表 4.2 可知,可将重构开关 T1 和 T2 关闭使电源 VDC1 从驱动器上断开,仅有电源 VDC2 为整个电机系统供电,为了使故障容错后的电机输出转矩能够满足正常需求,可将靠近电源 VDC1 这一侧的功率管 T_Ab、T_Bb、T_Cb 和 T_Db 全部打开。理论上,功率管 T_At、T_Bt、T_Ct 和 T_Dt 全部打开也没有问题,但是为了降低功耗,推荐将功率管 T_At、T_Bt、T_Ct 和 T_Dt 全部关闭。这样就使驱动器从独立 H 桥拓扑结构重构成星形驱动拓扑(图 4.15),使电机输出转矩满足正常需求。当然,这种短路故障的重构方式也可以将功率管 T_Ab、T_Bb、T_Cb 和 T_Db 全部关闭,同时功率管 T_At、T_Bt、T_Ct 和 T_Dt 全部打开,同样是将驱动拓扑从独立 H 桥重构成星形,使重构后的电机输出转矩与正常时相差无几。

4. 单电源单管短路故障及容错策略

当单电源供电时,假设靠近工作电源 VDC1 的 A 相左边桥臂下面功率管 T_Ab 发生短路故障,使电机输出平均转矩下降和转矩脉动增加。为了使功率管 T_Ab 发生短路故障对电机输出转矩影响不大,并使短路故障处于可控状态,由

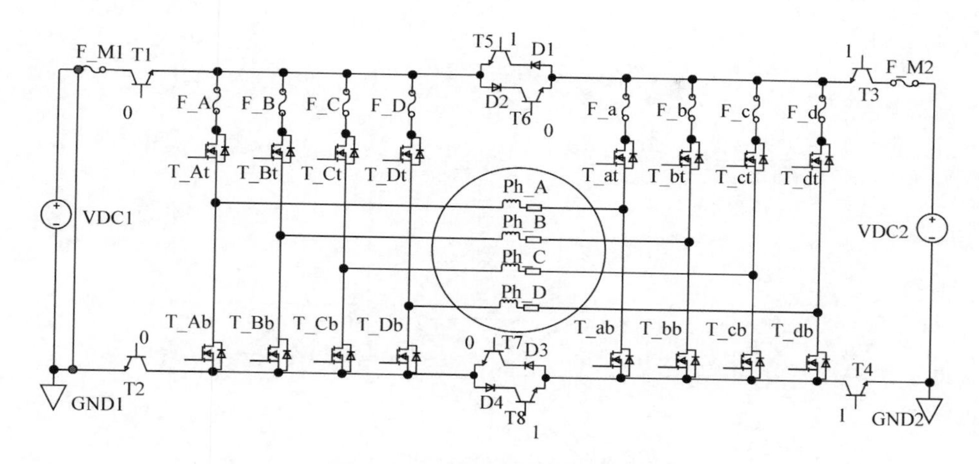

图 4.14　单电源短路故障及容错策略 1

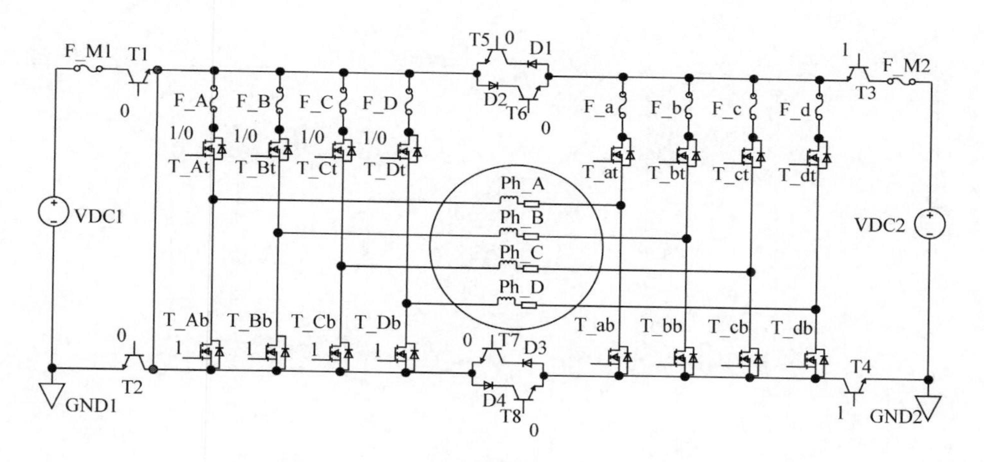

图 4.15　单电源短路故障及容错策略 2

表 4.2 可知，可通过将功率管 T_At、T_at 和 T_ab 关闭，转换为 A 相绕组开路，如图 4.16 所示。相应的电机绕组开路故障容错，请见文献[72]，[133]介绍。如果是靠近没有工作的电源 VDC2 的桥臂下面功率管 T_ab 发生短路故障，使电机输出平均转矩下降和转矩增加，为实现短路故障容错，由表 4.2 可知，可将容错开关 T5、T6、T7 和 T8 关闭，同时将功率管 T_bb、T_cb 和 T_db 打开，并将功率管 T_at、T_bt、T_ct 和 T_dt 关闭，可将每相独立 H 桥驱动结构重构转换为星形连接驱动拓扑结构，如图 4.17 所示。这样就使容错后的电机转矩接近正常值。其他的功率管短路故障，类似处理。

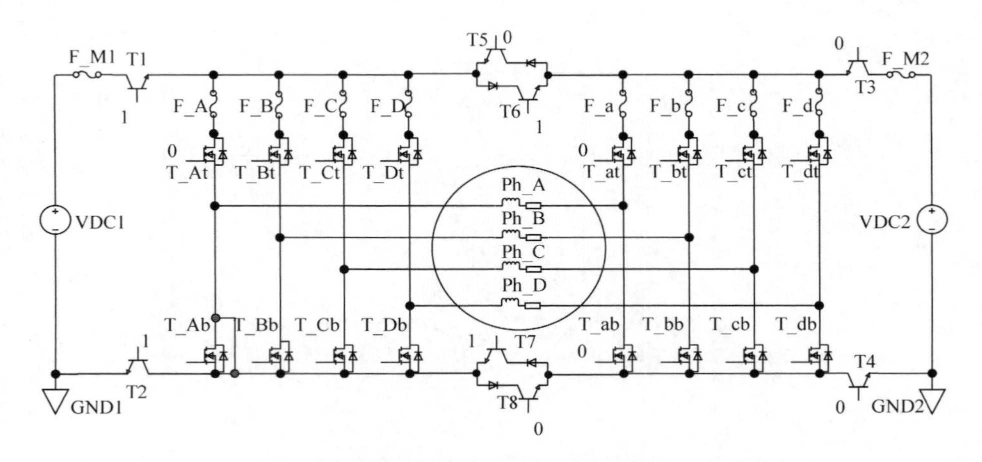

图 4.16　单电源单管短路故障及容错策略 1

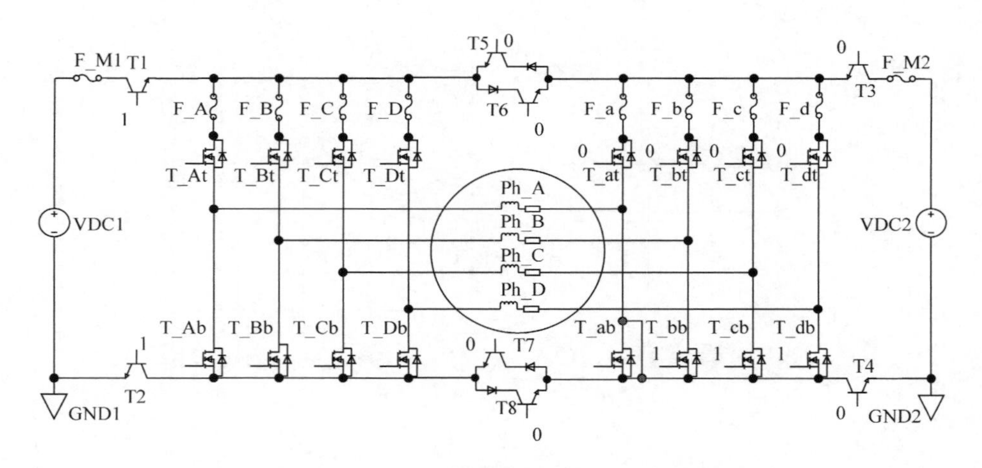

图 4.17　单电源单管短路故障及容错策略 2

5. 双电源单管短路故障及容错策略

当双电源供电时，假设 A 相左边桥臂下面功率管 T_Ab 发生短路故障，使电机输出平均转矩下降和转矩脉动增加。为了使功率管 T_Ab 发生短路故障对电机输出转矩影响不大，并使短路故障处于可控状态，由表 4.2 可知，首先将重构开关 T1 和 T2 关闭，将 VDC1 从驱动器上隔离开，转换为单电源供电，然后将功率管 T_At、T_Bt、T_Ct 和 T_Dt 关闭，同时将功率管 T_Bb、T_Cb 和 T_Db 打开，如图 4.18 所示。这样可将电机驱动拓扑方式从双电源独立 H 桥驱动转换为单电源星形连接驱动，使容错后的电机转矩接近正常值。当然，由表 4.2 可知，也可以只将功率管 T_At、T_at 和 T_ab 关闭，转换为 A 相绕组开路故障，如图 4.19 所示。

相应的绕组开路故障容错，请见文献[72]，[133]介绍。其他的功率管短路故障，类似处理。

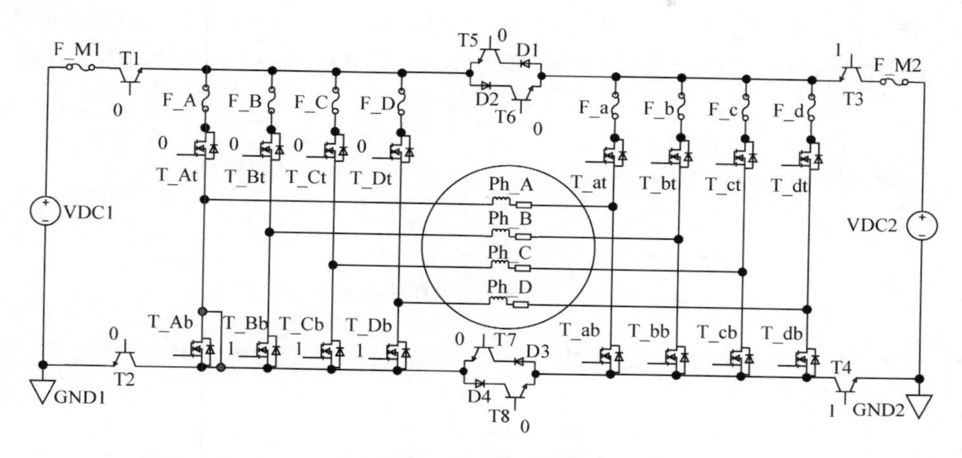

图 4.18　双电源单管短路故障及容错策略 1

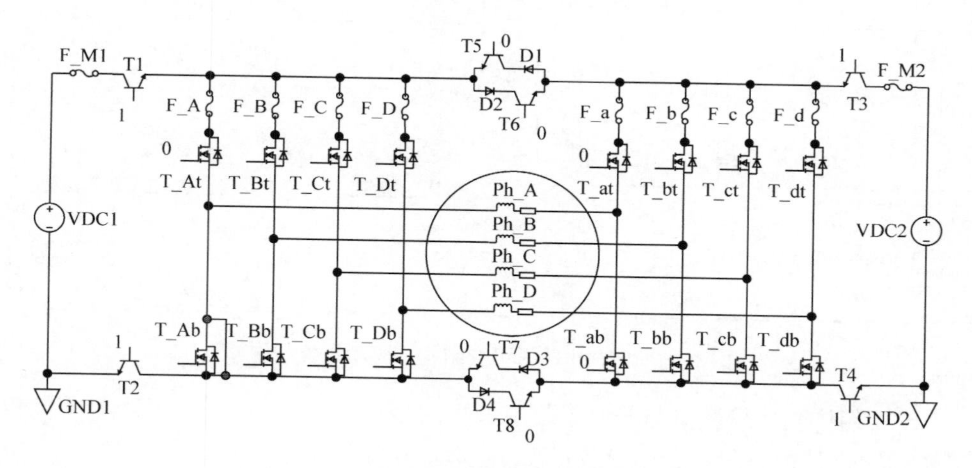

图 4.19　双电源单管短路故障及容错策略 2

4.3　H 桥可变结构式驱动拓扑

为了提高多相永磁容错电机系统的可靠性和容错能力，一般每相绕组采用独立 H 桥驱动拓扑结构。为了适应多工况需求，同时进一步提升 H 桥驱动拓扑的灵活性，提高多相永磁容错电机系统的变结构和容错能力，提出一种 H 桥可变结构式驱动拓扑。其整体功能主要包括控制器、信号隔离、功率驱动、H 桥组、电源开关组、电源组等，如图 4.20 所示。控制器接收上层控制器下发的控制指令，将解算出来的变结构和驱动指令，经过信号隔离和功率驱动电路，实现强弱电信号隔离和功率驱动功能，进而控制 H 桥组和电源开关组，即控制 H 桥组和电源开关组中功率管和功率开关的打开或关闭，以达到驱动拓扑结构可变的目的，从而使开放式(每相独立)绕组电机能够适应不同的工况需求。其具体实现形式如图 4.21 所示。

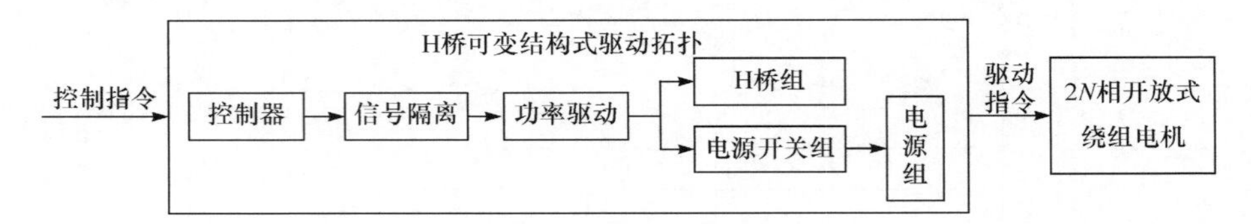

图 4.20　H 桥可变结构式驱动拓扑整体功能框架

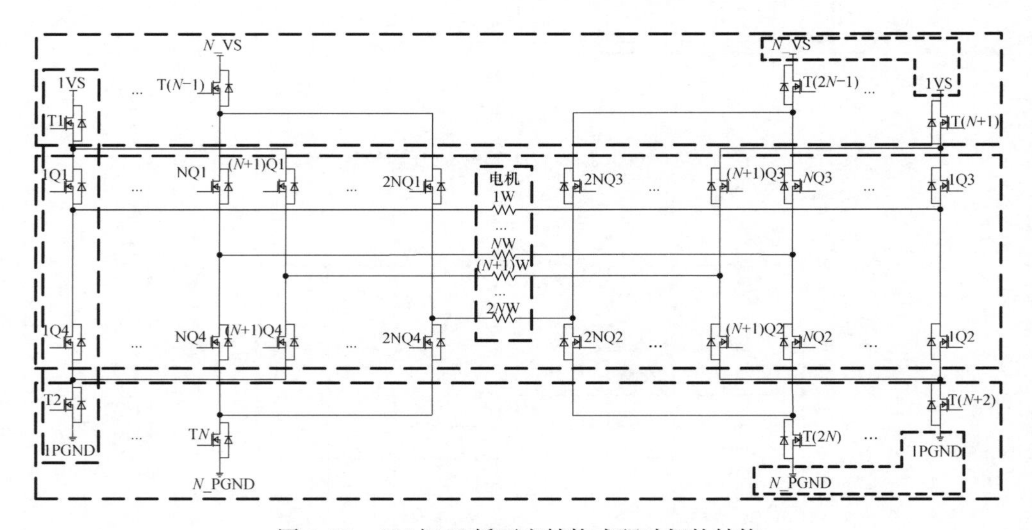

图 4.21　2N 相 H 桥可变结构式驱动拓扑结构

H 桥组中功率管数量与开放式绕组电机的相数相匹配，在开放式绕组电机相数为 $2N$ 时，其中 $N\geqslant 2$，功率管数量为 $4\times 2\times N$，分为 $2\times N$ 个 H 桥。每个 H 桥包含左、右两个桥臂，将桥臂以开放式绕组电机为界区分左、右，每个桥臂包含上、下各一个功率管。每个 H 桥共有四个功率管，每个桥臂的中间点设有一个绕组接线端子，绕组接线端子分别与开放式绕组电机的绕组的两个端子相连。另外，每个 H 桥还设有两个电源接线端子，分别与控制电源组的电源开关相连。

电源开关组包括 $2N$ 个功率开关。功率开关由分别接电源正和电源负的两个功率开关组成，并设有接电源组的功率电源接线端子和接 H 桥的电源接线端子。功率电源接线端子与电源组的直流功率电源相连，电源接线端子与 H 桥的电源接线端子相连。

电源组包括 N 个直流功率电源，每个直流功率电源有输出正和输出负两个端子，分别与功率电源接线端子相连，并且每个直流功率电源同时供给左、右两个桥臂。这样开放式绕组电机的每相绕组由一个 H 桥驱动控制，同时左、右两边的第一个桥臂和第 $N+1$ 个桥臂也由同一个直流功率电源供电。

功率开关设有与控制器相连的输入端，还设有与后续电源组相连的输出端，用于将控制器输出的驱动控制数字信号，经过信号隔离和功率驱动，分别实现信号隔离和功率驱动放大功能，输出给电源开关组中的功率开关的控制端，从而控制功率开关的导通状态，以达到控制 H 桥与直流功率电源的通断。

控制器发送驱动拓扑变结构控制指令给功率开关，功率开关将左边或者右边 H 桥与直流功率电源断开，同时发送控制指令将 H 桥中的上面或下面两个功率管处于常开状态，将 H 桥中下面或上面两个功率管处于常闭状态。这样处于常开状态的两个功率管相当于导线，从而实现将两个绕组进行串联，其他同边(左边或者右边)的 $N-1$ 个 H 桥也实现相同功能，从而将由 $2N$ 个 H 桥驱动的 $2N$ 相电机串联成由 N 个 H 桥驱动的新 N 相电机，即每相绕组是原来两个绕组的串联形式，从而实现驱动拓扑变结构功能。

信号隔离设有与控制器相连的输入端，还设有与后续功率驱动相连的输出端，用于将控制器输出的变结构控制或者驱动控制数字信号，实现与功率信号相互隔离的功能，保护控制器免受功率信号的干扰。

功率驱动设有与信号隔离相连的输入端，还设有与后续 H 桥组和电源开关组相连的输出端，用于将信号隔离输出的信号进行功率驱动，实现功率放大的功能，以达到驱动后续功率管和功率开关。

控制器设有接收上层控制器发送控制指令的输入端，并设有输出驱动控制和变结构控制指令的输出端，与信号隔离的输入端相连。

为了更加清楚地说明 H 桥可变结构式驱动拓扑结构的功能，搭建了一个用来驱动六相永磁容错电机的六相 H 桥可变结构式驱动拓扑结构。如图 4.22 所示，$N=3$，功率管数量为 24 个，分为 6 个 H 桥，将可变结构的每对绕组所在的 H 桥，采用一个功率电源，例如绕组 1W1 和 2W1 可以采用一个功率电源供电，这样可以节省功率电源的数量。当需要变结构的时候，可将功率开关 T7 和 T8 断开，将功率管 1Q3、1Q2、4Q3 和 4Q2 所在的桥臂从功率电源 1VS 上断开，同时将功率管 1Q3 和 4Q3 关闭，将功率管 1Q2 和 4Q2 常开。绕组 1W1 的右端经过常开的功率管 1Q2 和 4Q2，连接到绕组 1W1 的右端，就可以实现两个绕组的串联，形成一个新的绕组，并由功率管 1Q1、1Q4、4Q1 和 4Q4 组成新的 H 桥来驱动，这样就实现了变结构功能。其他相绕组也是进行类似处理。当然，也可以由 3 个 H 桥变换为 6 个 H 桥驱动，操作过程为上述过程的逆过程。这里不再赘述。

绕组 1W1～1W3 分别与绕组 2W1～2W3 在功能上相同，在某个绕组或者功率管发生故障后，将发生故障的那个 H 桥上的功率管全部关闭，并由功能相同的绕组电流加倍来弥补故障相的缺失，从而保证输出转矩保持平稳，实现故障容错功能。该拓扑结构发生故障时，关闭的相数或器件最少，从而可以保证系统的效率更高。该拓扑结构还对功率电源、功率管和功率开关等具有故障容错能力。

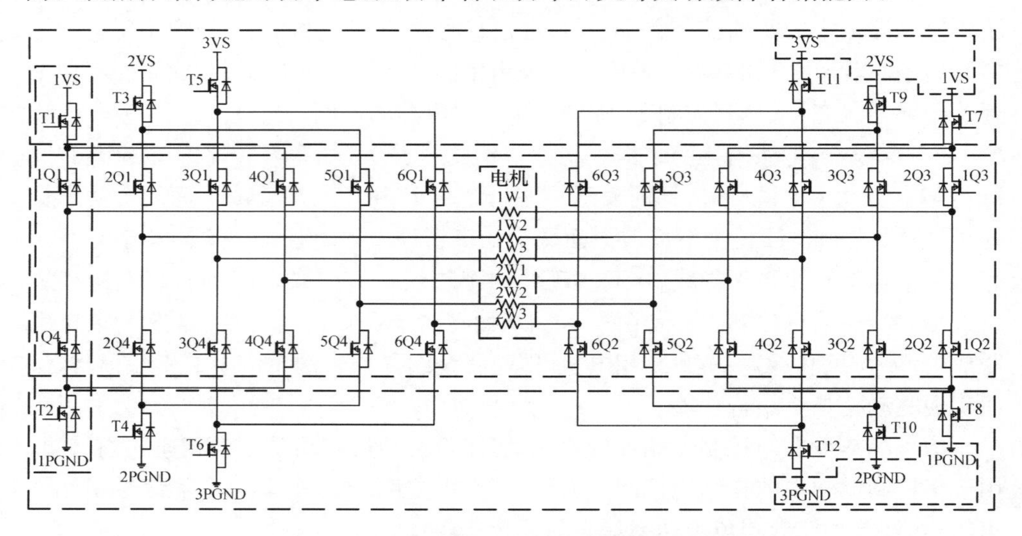

图 4.22　六相 H 桥可变结构式驱动拓扑结构

本节提出的 H 桥可变结构式驱动拓扑，根据不同的工况需求，可以变换驱动拓扑结构，使开放式绕组电机达到不同的工作状态，同时具有较强和较灵活的故障容错能力，相比多电机＋离合器结构，能够有效地提高电机系统功率密度、电机与功率器件使用率，降低系统重量、减小体积，取消了机械离合器，从而消除机械振动和噪声。

4.4　星形可变结构式驱动拓扑

上述 H 桥可变结构式驱动拓扑结构，能够很好地满足 $2N$ 相开放式绕组电机，但是也有一定的缺点，如所用功率电源和功率管数量都较多。为了克服上述缺点，本节提出一种可变结构式驱动拓扑结构，根据不同的工况需求，其能够在星形与 H 桥之间互相变换。其功能框架主要包括可编程逻辑控制器、功率管驱动器、开关驱动器、功率管组、功率开关组，如图 4.23 所示。可编程逻辑控制器接收驱动拓扑变结构和驱动的控制指令，并生成功率管组和功率开关组控制指令，分别通过功率管驱动器和开关驱动器，控制功率管组和功率开关组中某些功率管和功率开关的打开或关闭，以达到驱动拓扑结构可变的目的，使开放式绕组电机工作在不同的状态。其驱动拓扑结构如图 4.24 所示。

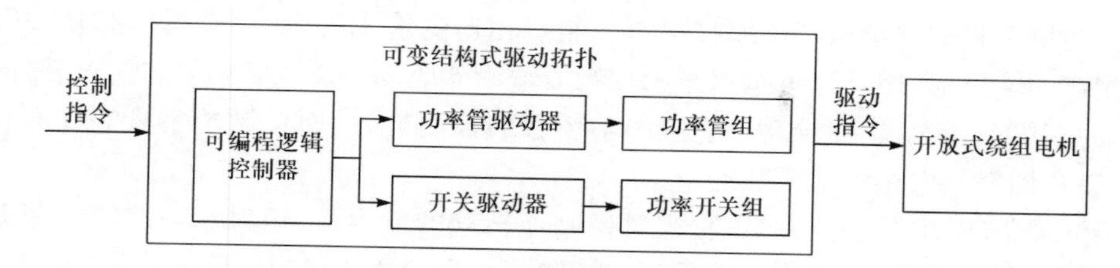

图 4.23　可变结构式驱动拓扑功能框架

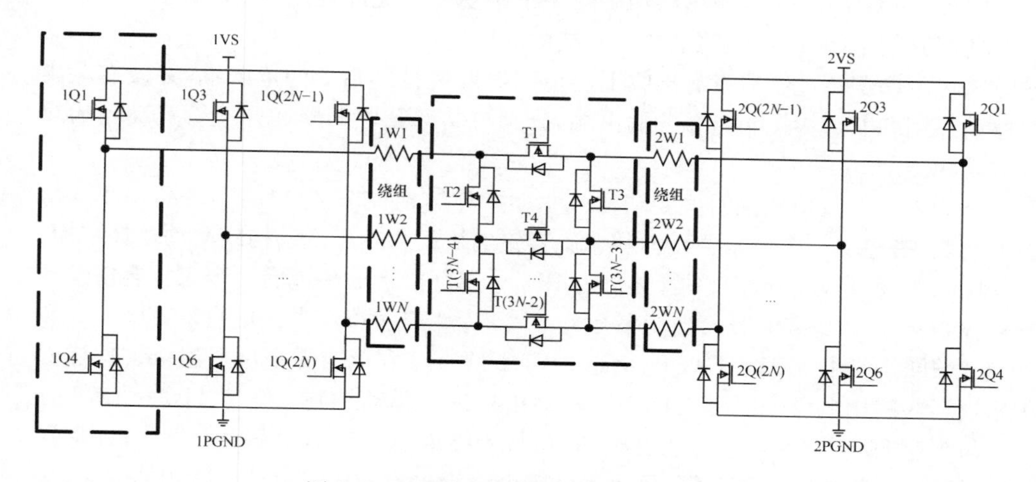

图 4.24　2N 相可变结构式驱动拓扑结构

功率管组中功率管的数量与开放式绕组电机的相数匹配，在开放式绕组电机相数为 $2N$ 时，其中 $N \geqslant 2$，功率管数量为 $4N$，分为 $2N$ 个桥臂。每个桥臂包含上、下两个功率管，每个桥臂的中间点设有接线端子。接线端子与开放式绕组电机的绕组的端子相连。

功率开关组包括 $3N-2$ 个功率开关，$3N-2$ 个功率开关连接成多个“口”字串联形状，并设有 $2N$ 个接线端子。接线端子与开放式绕组电机的绕组的另外一个端子相连。

功率开关组根据变结构控制指令可以进行变形，即通过控制功率开关的打开或者关闭实现。在高速工作时，可以让开放式绕组电机工作在星形结构，即打开功率开关组上“口”字形状中的竖排功率开关，关闭横排功率开关。这样绕组有一端短接在了一起，并由功率管组上的 $2N$ 个功率管驱动，构成星形驱动拓扑结构。在低速工作时，可以让开放式绕组电机的两个绕组串联在一起并工作在独立 H 桥结构，即打开功率开关组上“口”字形状中的横排功率开关，关闭竖排功率开关。这样两个绕组就串联在一起，并由功率管组上的 4 个功率管驱动，构成独立 H 桥驱动拓扑结构。

功率管驱动器设有与可编程逻辑控制器相连的输入端,还设有与后续功率管组相连的输出端,用于将可编程逻辑控制器输出的驱动控制数字信号,进行信号隔离、功率驱动放大,输出给功率管组中功率管的控制端,从而控制功率管的导通状态,以达到控制电机的运行状态。

开关管驱动器设有与可编程逻辑控制器相连的输入端,还设有与后续功率开关组相连的输出端,用于将可编程逻辑控制器输出的变结构控制数字信号,进行信号隔离、功率驱动放大,输出给功率开关组中功率开关的控制端,从而控制功率开关的打开与关闭,以达到驱动拓扑变结构的目的。

可编程逻辑控制器设有接收上层控制器发送控制指令的输入端,并设有输出驱动控制和变结构控制指令的输出端,分别与功率管驱动器和开关管驱动器的输入端相连。

为了更加清楚地说明可变结构式驱动拓扑结构在 H 桥与星形之间相互变换的功能,搭建了一个用来驱动六相永磁容错电机的六相可变结构式驱动拓扑结构。如图 4.25 所示,$N=3$,功率管数量为 12 个,分为 3 个 H 桥或者 2 个三相全桥驱动拓扑结构,2 个功率电源。当功率开关 T1、T4 和 T7 关闭,功率开关 T2、T3、T5 和 T6 常开时,绕组 1W1～1W3 与绕组 2W1～2W3 分别形成两个星形连接。这样就相当于双三相电机分别由三相全桥驱动拓扑进行驱动控制。绕组 1W1～1W3 分别与绕组 2W1～2W3 在功能上相同,在某个绕组或者功率管发生故障后,并将发生故障的三相绕组全部关闭,可由另外三个绕组电流加倍来弥补故障相的缺失,从而保证输出转矩保持平稳,实现故障容错功能。该拓扑结构在某个绕组或者功率管发生故障时,需要将三个绕组全部关闭,这样控制比较简单,但是由于正常相绕组电流加倍了,使系统的损耗会比较大。

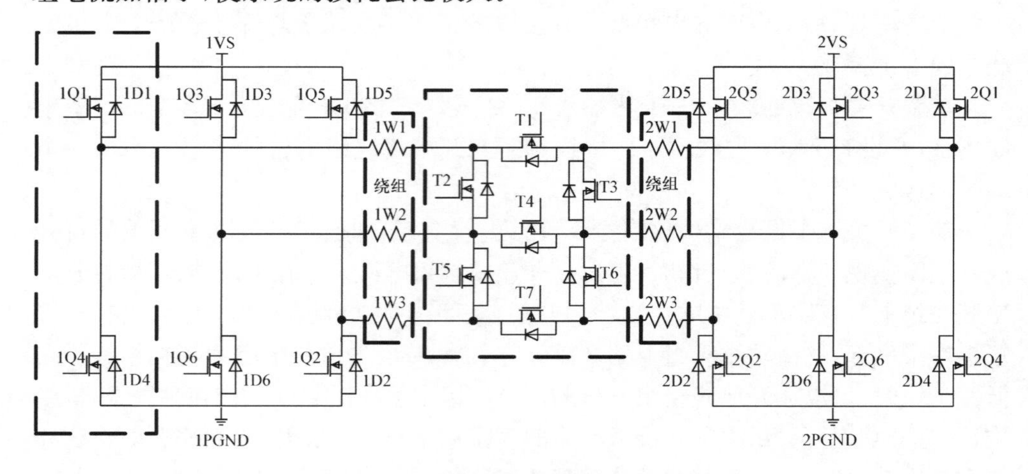

图 4.25　六相可变结构式驱动拓扑结构

当功率开关 T1、T4 和 T7 常开，功率开关 T2、T3、T5 和 T6 关闭时，绕组 1W1～1W3 分别与绕组 2W1～2W3 串联起来，形成新的一相绕组，并由 H 桥驱动拓扑进行驱动控制。由此，实现由星形变换成双电源 H 桥驱动拓扑的结构变换过程，如果在此基础上，再发生绕组、功率电源、功率管等故障，执行相应的故障容错策略[96]。

本节提出的可变结构式驱动拓扑，根据不同的工况需求，可以在 H 桥和星形两种驱动方式间可变换驱动拓扑结构，使开放式绕组电机达到不同的工作状态，同时具有较强的故障容错能力。相比双驱动器＋双电机结构，能够有效地提高电机系统功率密度、电机与功率器件使用率，降低重量、减小体积，灵活性非常高。

4.5 相邻可变结构式驱动拓扑

4.2 节和 4.3 节分别对 $2N$ 相开放式绕组电机提出两种不同的可变结构式驱动拓扑结构，适用于电机绕组拓扑在结构上对称或者相位上相差 180°的两相进行结构变换的电机。为了扩大可变结构式驱动拓扑的适用范围，本节针对 $2N$ 相开放式绕组电机在结构上或者相位上相邻两相结构进行变换的需求，提出一种新型可变结构式驱动拓扑，主要由 H 桥组、电源开关组和电源组组成，如图 4.26 所示。

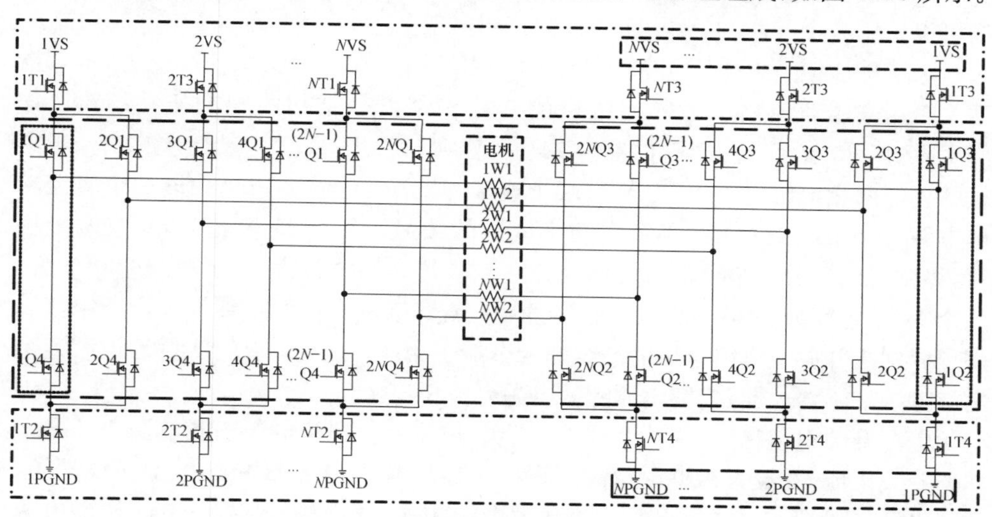

图 4.26 相邻可变结构式驱动拓扑结构

电源组包括 N 个直流功率电源，每个直流功率电源有输出正和输出负两个端子。电源开关组包括 $4N$ 个功率开关。H 桥组包括 $4\times2\times N$ 个功率管，组成 $2N$ 个 H 桥。每个 H 桥以开放式绕组电机为界区分左、右两个桥臂，每个桥臂由两个功率管的漏极和源极串联在一起构成。该漏极和源极之间设有接线端子，接线端子与开放式绕组电机的绕组的端子连接。其中与开放式绕组电机的两相绕组端子连接的两个 H 桥为一组，由同一个直流功率电源供电，一组 H 桥左右两侧桥臂分别并联。并联后漏极一端接一个功率开关后接入对应直流功率电源的输出正端子，源极一端接一个功率开关后接入对应直流供电电源的输出负端子。上述所有功率管和功率开关的栅极作为控制端。

当需要变结构时，关闭由同一个直流功率电源供电的两个 H 桥左、右两侧任意一侧的功率开关，并关闭同侧并联两个桥臂中位于上部或者下部的两个功率管。此外，两个功率管处于常开状态，将两相绕组进行串联，从而由 $2N$ 个 H 桥驱动的 $2N$ 相电机串联成由 N 个 H 桥驱动的新 N 相电机。

当某个绕组或者功率管发生故障时，关闭发生故障绕组或者功率管所在 H 桥上的所有功率管，使故障不影响其他非故障相的正常工作，实现容错功能。

关闭同一个直流功率电源供电的所有 H 桥，保留至少一个直流功率电源供电的一组 H 桥工作，实现轻载模式。

关闭同一直流功率电源供电的 2 个 H 桥中的一个 H 桥，实现轻载模式。

当某个绕组或者功率管发生故障时，关闭发生故障绕组或者功率管所在 H 桥上的所有功率管。

电源组根据实际可靠性需求，以及空间、体积与重量限制，可以采用 1 个电源，亦可以采用 2 个并联的电源，通过开关控制实现上述 N 个直流功率电源的功能。

为了更加清楚地说明相邻可变结构式驱动拓扑结构的结构变换能力，本节搭建一个用来驱动六相永磁容错电机的六相相邻可变结构式驱动拓扑结构。如图 4.27 所示，$N=3$，功率管数量为 24 个，分为 6 个 H 桥。其中与开放式绕组电机的相邻两相绕组(如 1W1、1W2)端子连接的两个 H 桥为一组，由同一个直流功率电源 1VS 供电，这样可以节省功率电源的数量。每个 H 桥包含左、右两个桥臂，将桥臂以开放式绕组电机为界区分左、右，每个桥臂包含上、下各一个功率管。每个 H 桥共有 4 个功率管，每个桥臂的中间点设有一个绕组接线端子。绕组接线端子分别与开放式绕组电机的绕组的两个端子相连。此外，每个 H 桥还设有 2 个电源接线端子，分别与控制电源组的电源开关相连。

电源开关组包括 12 个功率开关。功率开关由分别接电源正和电源负的两个功率开关组成，并设有接电源组的功率电源接线端子和接 H 桥的电源接线端子。功率电源接线端子与电源组的直流功率电源相连。电源接线端子与 H 桥的电源接线端子相连。

电源组包括 3 个直流功率电源。每个直流功率电源有输出正和输出负两个端子，分别与功率电源接线端子相连，并且每个直流功率电源同时供给左、右两个桥臂。这样开放式绕组电机的每相绕组由一个 H 桥驱动控制。

当需要变结构时，例如可将功率开关 1T3 和 1T4 关闭，将功率管 1Q3、2Q3 关

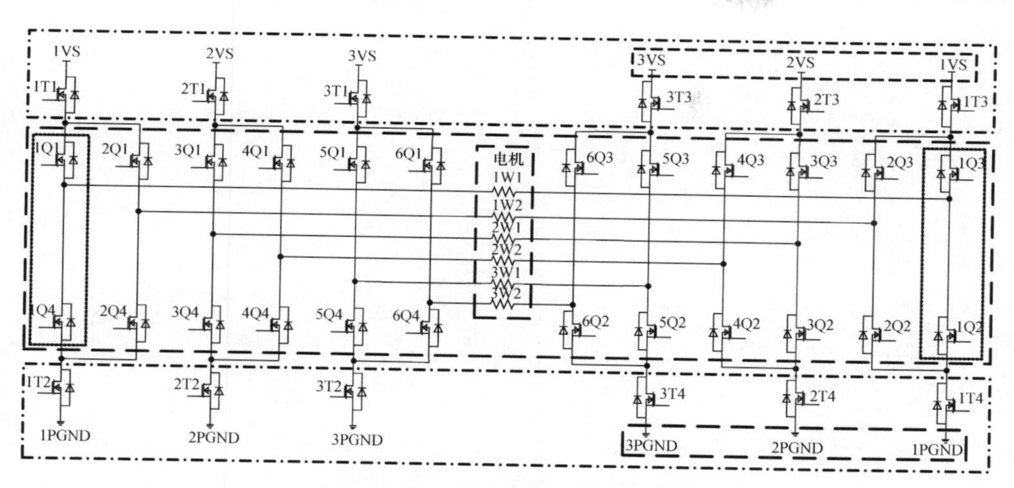

图 4.27　六相相邻可变结构式驱动拓扑结构

闭,2Q2 和 1Q2 处于常开状态,处于常开状态的两个功率管相当于导线。这样绕组 1W1 的右端经过常开的功率管 1Q2 和 2Q2,连接到绕组 1W2 的右端,就实现了两个绕组的串联,形成一个新的绕组,并由功率管 1Q1、1Q4、2Q1 和 2Q4 组成新的 H 桥来驱动,从而将由 6 个 H 桥驱动的六相电机串联成由 3 个所述 H 桥驱动的新三相电机,即每相绕组是原来两个绕组的串联形式,从而实现驱动拓扑变结构功能。当然,也可以通过将上述操作过程进行逆操作实现结构的变换。

根据工况需求,可以关闭同一个直流功率电源供电的所有 H 桥,保留至少一个直流功率电源供电的一组 H 桥工作,例如只保留 1VS 电源供电的一组 H 桥工作,实现轻载模式。也可以关闭同一直流功率电源供电的 2 个 H 桥中的一个 H 桥,实现轻载模式。以 1VS 电源为例,关闭功率开关 2Q1 和 2Q4,以及功率管 2Q3、2Q2,仅使功率管 1Q1、1Q4、1Q3 和 1Q2 组成新的 H 桥来工作。对于 2VS 电源,则使功率管 4Q1、4Q4、4Q3 和 4Q2 组成新的 H 桥来工作等。

本节提出的相邻可变结构式驱动拓扑,根据不同的工况需求,可以切换到不同的拓扑结构,通过拓扑变形,实现系统功能和性能的改变。例如,可在高低速不同模式下切换,或者发生故障后,通过结构变换,实现故障容错功能。

4.6　3N+3 可变结构式驱动拓扑

4.2～4.4 节分别对 2N 相开放式绕组电机提出三种不同的可变结构式驱动拓扑结构。为了扩大可变结构式驱动拓扑的适用范围,本节针对 3N+3 相开放式绕组电机提出相应的可变结构式驱动拓扑,包括 H 桥组、电源开关组和电源组。假设开放式绕组电机相数为 3N+3 时,$N \geqslant 1$,如图 4.28 所示。

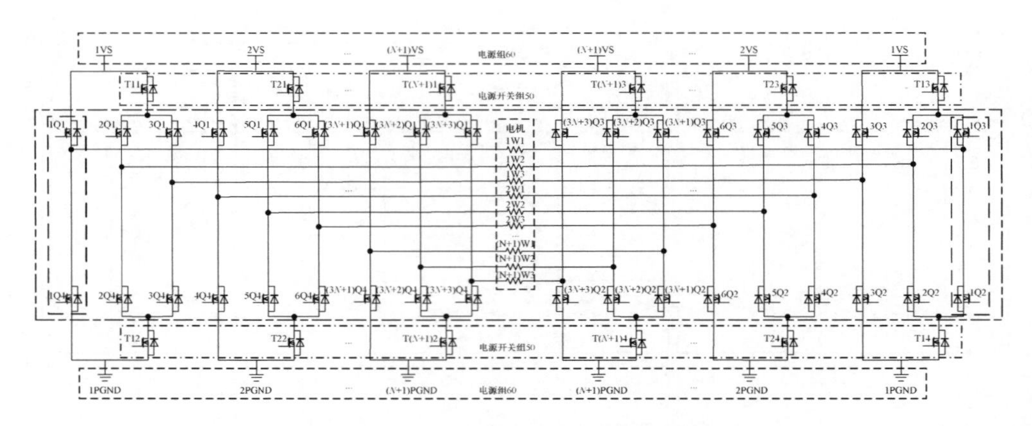

图 4.28　3N+3 可变结构式驱动拓扑结构

电源组包括 N+1 个直流功率电源，每个直流功率电源有输出正和输出负两个端子。电源开关组包括 4N+4 个功率开关。所述 H 桥组包括 4×(3N+3)个功率管，组成 3N+3 个 H 桥。每个 H 桥以开放式绕组电机为界区分左、右两个桥臂。每个桥臂由两个功率管的漏极和源极串联在一起构成。该漏极和源极之间设有接线端子，接线端子与开放式绕组电机绕组的端子连接。其中与开放式绕组电机的三相绕组端子连接的三个 H 桥为一组，由同一个直流功率电源供电，将所述三个 H 桥的桥臂分别定义为左边第一桥臂和右边第一桥臂、左边第二桥臂和右边第二桥臂、左边第三桥臂和右边第三桥臂。左边第一桥臂和右边第三桥臂的漏极端直接接入同一个直流功率电源的输出正端子，源极端接入对应直流功率电源的输出负端子。左边第二桥臂与左边第三桥臂并联，右边第二桥臂和右边第一桥臂并联。并联漏极一端接一个功率开关后接入直流功率电源的输出正端子，源极一端接一个功率开关后接入对应直流功率电源的输出负端子。上述所有功率管和功率开关的栅极作为控制端。

当需要变结构时，关闭与三相绕组端子连接的一组 H 桥中左右并联两个桥臂的功率开关，断开桥臂与直流功率电源的连接；同时将并联桥臂上的两个功率管处于不同的开关状态，并保证处于每个桥臂上部的功率管开关状态相同，从而将三相绕组进行串联，将由 3N+3 个所述 H 桥驱动的 3N+3 相电机串联成由 N+1 个所述 H 桥驱动的新 N+1 相电机。

当某个绕组或者功率管发生故障时，关闭发生故障绕组或者功率管所在 H 桥上的所有功率管。

关闭同一个直流功率电源供电的所有 H 桥，保留至少一个直流功率电源供电的一组 H 桥工作，实现轻载模式。

关闭同一直流功率电源供电的3个H桥中并联的桥臂，实现轻载模式。

所述的电源组根据实际可靠性需求，以及空间、体积与重量限制，可以采用1个或者2个电源，通过开关控制实现上述$N+1$个直流功率电源的功能。

如图4.29所示，H桥组40中功率管数量与开放式绕组电机的相数匹配，在开放式绕组电机相数为9时，$N=2$，功率管41数量为36个，分为9个H桥。与开放式绕组电机的三相绕组端子连接的3个H桥为一组，由同一个直流功率电源供电。例如，连接绕组1W1、1W2和1W3的3个H桥共用一个直流功率电源1VS，这样可以节省功率电源的数量。每个H桥42包含左、右两个桥臂45，将桥臂45以开放式绕组电机为界区分左、右，每个桥臂45包含上、下各一个功率管41。每个H桥42有4个功率管41，每个桥臂45的中间点设有一个绕组接线端子43。绕组接线端子43分别与开放式绕组电机的绕组的两个端子相连。此外，每个H桥42还设有两个电源接线端子44，分别与控制电源组60的电源开关相连。

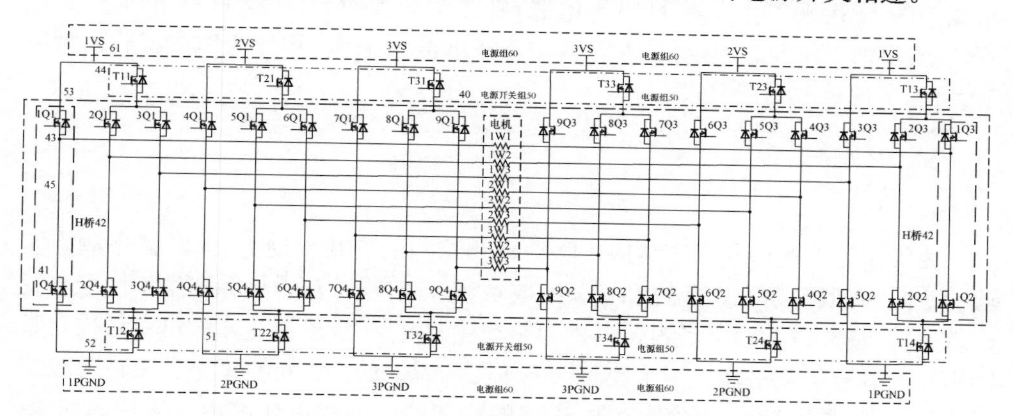

图4.29　九相可变结构式驱动拓扑结构

电源开关组50包括12个功率开关51。功率开关51由分别接电源正和电源负的2个功率开关组成，并设有接电源组60的功率电源接线端子52和接H桥40的电源接线端子53。功率电源接线端子52与电源组60的直流功率电源相连。电源接线端子53与H桥42的电源接线端子44相连。

电源组60包括3个直流功率电源61。每个直流功率电源61有输出正和输出负两个端子，分别与功率电源接线端子52相连，并且每个直流功率电源61同时供给左、右两个桥臂45。这样开放式绕组电机的每相绕组由一个H桥42驱动控制。

当需要变结构时，例如可将功率开关T11、T12、T13和T14关闭，将功率管

2Q1、3Q1、2Q3 和 1Q3 处于关闭状态，同时将功率管 2Q4 和 3Q4、2Q2 和 1Q2 处于常开状态，这样绕组 1W1 的右端经过常开的功率管 1Q2 和 2Q2，连接到绕组 1W2 的右端，1W2 的左端经过常开的 2Q4 和 3Q4 连接到绕组 1W3 的左端。这样就可以实现三个绕组的串联，形成一个新的绕组，并由功率管 1Q1、1Q4、3Q3 和 3Q2 组成新的 H 桥来驱动。其他相绕组也是类似进行处理。当然，也可以通过将上述操作过程进行逆操作实现结构的变换。

根据工况需求，可以关闭同一个直流功率电源供电的所有 H 桥，保留至少一个直流功率电源供电的一组 H 桥工作，例如只保留 1VS 电源供电的一组 H 桥工作，实现轻载模式。

为了轻载，也可以采用关闭同一直流功率电源供电的 3 个 H 桥并联的桥臂，实现轻载模式。以 1VS 电源为例，关闭功率开关 T11、T12、T13、T14，以及功率管 2Q1、3Q1、2Q3、1Q3、2Q4、3Q4、2Q2 和 1Q2，仅使功率管 1Q1、1Q4、3Q3 和 3Q2 组成新的 H 桥来工作。对于 2VS 电源，则使功率管 4Q1、4Q4、6Q3 和 6Q2 组成新的 H 桥来工作等。当全部 H 桥驱动拓扑结构均工作，并且工作在超载模型下时，可以实现重载工作模式。

4.7　仿真实验

为了验证上述两种可变结构式驱动拓扑结构的变结构能力，同时减小故障实验的危险，降低前期设计研究和实验的成本，提高容错算法设计和变结构性能验证的效率等，本节以六相永磁容错电机为驱动控制对象，搭建上述两种可变结构式驱动拓扑的联合仿真平台。为了使容错电机驱动系统的性能仿真结果更接近实验结果，就必须将电路和磁路的耦合性、磁路的饱和性等问题考虑在内。采用电路-磁路瞬态联合仿真方法，其原理流程如图 4.30 所示。该方法同时启动电路运算器 Simploer 和磁路运算器 Maxwell 2D，它们在仿真过程中分别以诺顿和戴维南等效电路的形式进行电路和磁路的实时交互迭代耦合运算，是比等效磁路方法更高一层次的系统级仿真，因此该方法具有很高的仿真精度和真实度。此外，这也是一种安全、经济和高效的电路和磁路联合仿真方法，对电机驱动控制系统，具有很强的普适性。

限于篇幅，本章只搭建 H 桥可变结构式驱动拓扑与六相永磁容错电机的联合仿真模型。如图 4.31 所示，每相绕组采用独立 H 桥驱动拓扑结构，在六相绕组全部单独工作，即驱动拓扑未发生变换时，电机输出转矩 23.904N · m，转矩脉动为 4.68%。各相电流和转矩波形如图 4.32 所示。经过驱动拓扑结构变换后，六个绕组变换成三个绕组，各相电流和转矩波形如图 4.33 所示，将空间上相对的两相绕组实现串联，等效于绕组匝数加倍，从而转速降低了一半。由于磁路饱和，虽然电流加倍了，但是电机输出转矩只增加为原值的 1.561 倍，达到 37.322N · m，转矩为 2.957%，可以满足重载的工况需求，从而验证了 H 桥可变结构式驱动拓扑可以达到变结构的目的。

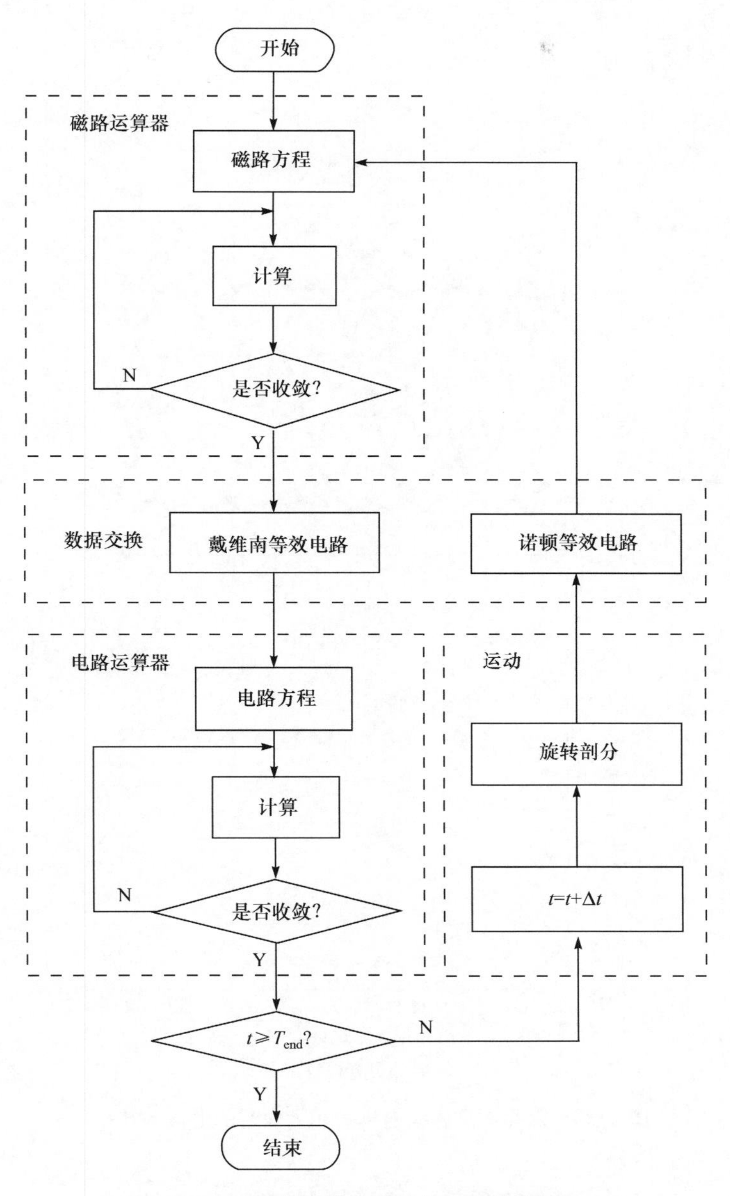

图 4.30 联合仿真方法的原理流程图

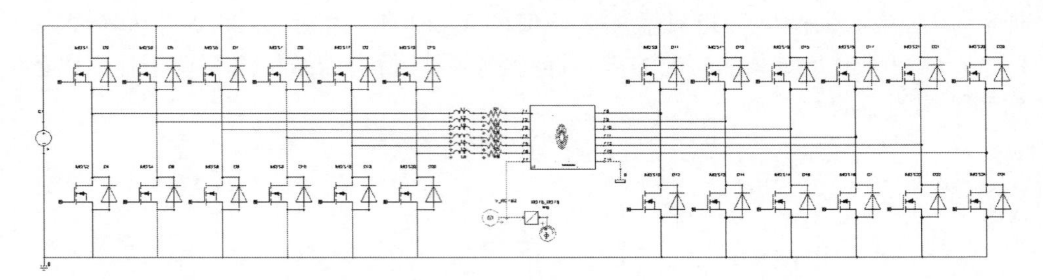

图 4.31　联合仿真模型

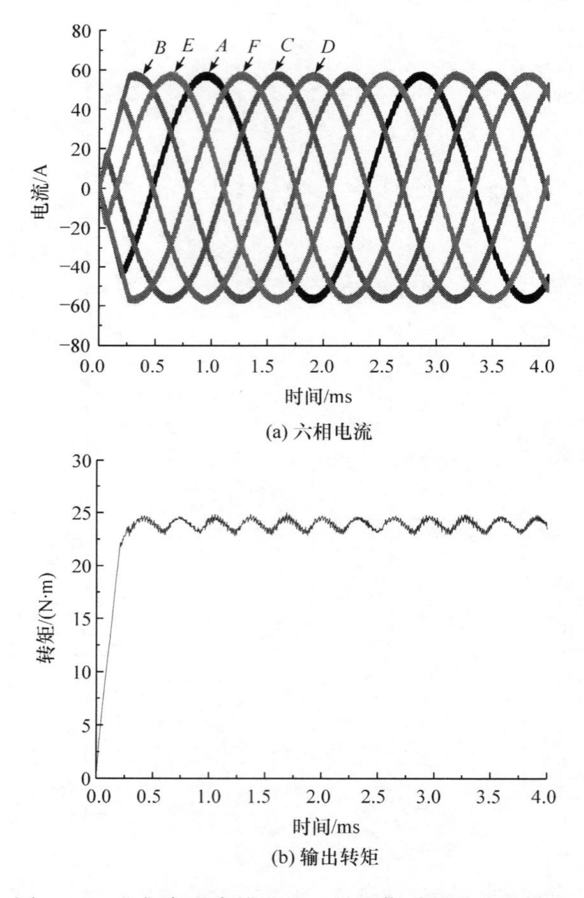

图 4.32　六相永磁容错电机六相工作时的电流和转矩

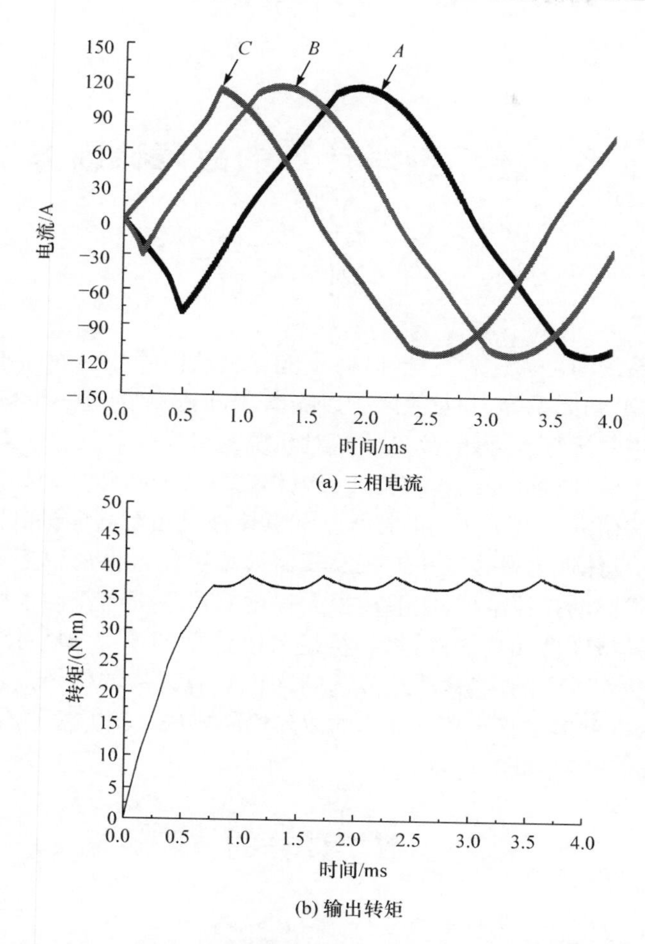

(a) 三相电流

(b) 输出转矩

图 4.33　六相永磁容错电机变结构为三相后的电流和转矩

4.8 小　　结

根据不同的需求，本章提出两种可变结构式驱动拓扑结构，一种是 H 桥可变结构式驱动拓扑，另一种是可在星形与 H 桥之间变换的可变结构式驱动拓扑。然后，分别对其结构和功能进行阐述，通过仿真来验证两种可变结构式驱动拓扑的正确性和有效性。

第 5 章　基于数学计算的故障诊断方法

5.1 引　　言

为了提高系统的可靠性和安全性，必须能够在故障发生时及时准确地诊断出故障的位置、类型和大小等，并对故障予以隔离，防止故障的进一步蔓延，影响其他非故障部件的正常运行。因此，故障诊断对系统的可靠性和安全性具有至关重要的作用。本章主要针对可变结构容错式机电作动系统的特殊性和具体性进行相应的故障诊断方法研究。这里所述的特殊性和具体性是相对其他机电作动系统而言的，其特殊性和具体性主要体现在电机及其驱动系统。这里采用多相永磁容错电机和可变结构式驱动拓扑结构，能够在很大程度上提高机电作动系统的可靠性和安全性。由于其特殊性和具体性，每相绕组采用独立 H 桥驱动拓扑，因此每相绕组的电流均是独立可测的，这样对故障诊断来说具有天然的优势。在充分利用此优势的基础上，本章提出基于数学计算的故障诊断方法。该方法具有简洁、运算速度快、准确度高、误警率低等优点。

5.2 基于数学计算的故障诊断

5.2.1 数学基础知识

为了更好地对所提出的方法进行阐述，首先要介绍范数[153]和概率论[154]的相关基础知识。

已知向量 $\boldsymbol{X}$ 为

$$\boldsymbol{X}=(x_1,x_2,\cdots,x_n)^{\mathrm{T}} \tag{5.1}$$

向量 $\boldsymbol{X}$ 的 1 范数为

$$\|\boldsymbol{X}\|_1=|x_1|+|x_2|+\cdots+|x_n| \tag{5.2}$$

向量 $\boldsymbol{X}$ 的 2 范数为

$$\|\boldsymbol{X}\|_2=(|x_1|^2+|x_2|^2+\cdots+|x_n|^2)^{\frac{1}{2}} \tag{5.3}$$

由概率统计学可知，方差是各个数据与均值之差的和的平均数，即

$$S^2=\frac{1}{n}[(x_1-\mu)^2+(x_2-\mu)^2+\cdots+(x_n-\mu)^2] \tag{5.4}$$

用来描述数据集的离散程度。

通过对比 2 范数和方差的定义，可以将 2 范数看作为期望(均值)为零的 n 倍标准差，同样也是描述数据相对于均值的离散程度。这与 2 范数表示的物理意义——数据点之间的距离是等价关系。相比计算方差，具有计算简单、物理意义明确、使用方便等优点。

设离散型随机变量 X 的分布律为

$$P\{X=x_k\}=p_k, \quad k=1,2,\cdots \tag{5.5}$$

若级数 $\sum x_k p_k$ 绝对收敛，则级数 $\sum x_k p_k$ 的和为随机变量 X 的数学期望，记为 EX，即

$$\mathrm{EX}=\sum_{k=1}^{\infty} x_k p_k \tag{5.6}$$

由数学期望定义可知，X 的数学期望描述 X 变化的平均值。数学期望也称为均值。

5.2.2 数学模型

针对多相独立绕组(永磁容错)电机及其驱动系统的故障诊断方法，主要是根据每相绕组的电机信息，对其进行数学计算，根据故障前后的数学计算结果来诊断故障的位置、类型、大小等信息，然后控制器根据诊断结果进行故障隔离及其容错等操作。故障诊断架构如图 5.1 所示。

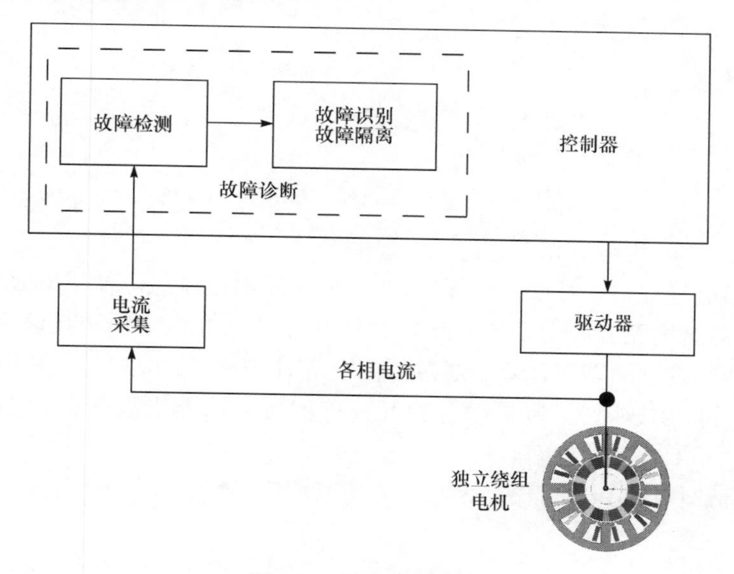

图 5.1　故障诊断架构

普通电机各相电流相互耦合，而多相独立绕组电机的每相电流相互独立、可测和可控。本节充分利用该优势进行故障诊断处理。

如果只根据某相绕组的电流值来判断该相绕组是否发生了故障，会引起误诊和虚警，这是因为各相电流是个交流量。为了准确诊断出故障位置，并降低虚警率和误诊率，本章引入各相电流的相互残差概念，即将各相电流值进行平方处理，并与其相邻相电流值的平方进行处理（奇数相电机），以及空间上相对应的相电流值的平方进行处理（偶数相电机）。因此，对奇数相绕组电机而言，其计算公式为

$$\begin{cases} r_{1,2}(t)=i_1^2(t)-i_2^2(t) \\ r_{2,3}(t)=i_2^2(t)-i_3^2(t) \\ \vdots \\ r_{n,1}(t)=i_n^2(t)-i_1^2(t) \end{cases} \tag{5.7}$$

其中，r 为各相电流的相互残差值，$1,2,\cdots,n$ 为电流相数。

对偶数相绕组电机而言，其计算公式为

$$\begin{cases} r_{1,2}(t)=i_1^2(t)-i_2^2(t) \\ r_{2,3}(t)=i_2^2(t)-i_3^2(t) \\ \vdots \\ r_{m,1}(t)=i_m^2(t)-i_1^2(t) \\ r_{1,m+1}(t)=i_1^2(t)-i_{m+1}^2(t) \\ r_{2,m+2}(t)=i_2^2(t)-i_{m+2}^2(t) \\ \vdots \\ r_{m,2m}(t)=i_m^2(t)-i_{2m}^2(t) \end{cases} \tag{5.8}$$

其中，$1,2,\cdots,2m$ 为电流相数。

将各相电流进行相互残差计算后，并不能诊断出故障的位置和类型，还需要进行数学计算，这里充分利用 5.2.1 节的数学知识，将各相电流的相互残差值进行实时范数计算或者数学期望计算。通过对比正常时与发生故障时的范数值或数学期望值，即可诊断出故障类型，再结合相互残差就可以诊断出故障位置。诊断过程如下。

对于奇数相绕组电机，根据相互残差的范数值，故障诊断公式为

$$\begin{cases}\left.\begin{aligned}&H_2(r_{x-1,x}(t))=\text{范数阈值}\\&H_2(r_{x,x+1}(t))=\text{范数阈值}\end{aligned}\right\}x\ \text{正常工作}\\\left.\begin{aligned}&H_2(r_{x-1,x}(t))=\text{开路范数阈值}\\&H_2(r_{x,x+1}(t))=\text{开路范数阈值}\end{aligned}\right\}x\ \text{开路故障}\\\left.\begin{aligned}&H_2(r_{x-1,x}(t))=\text{短路范数阈值}\\&H_2(r_{x,x+1}(t))=\text{短路范数阈值}\end{aligned}\right\}x\ \text{短路故障}\end{cases}\tag{5.9}$$

根据相互残差的数学期望值，故障诊断公式为

$$\begin{cases}\left.\begin{aligned}&\text{mean}(r_{x-1,x}(t))=0\\&\text{mean}(r_{x,x+1}(t))=0\end{aligned}\right\}x\ \text{正常工作}\\\left.\begin{aligned}&\text{mean}(r_{x-1,x}(t))=+\text{开路期望阈值}\\&\text{mean}(r_{x,x+1}(t))=-\text{开路期望阈值}\end{aligned}\right\}x\ \text{开路故障}\\\left.\begin{aligned}&\text{mean}(r_{x-1,x}(t))=+\text{短路期望阈值}\\&\text{mean}(r_{x,x+1}(t))=-\text{短路期望阈值}\end{aligned}\right\}x\ \text{短路故障}\end{cases}\tag{5.10}$$

对于偶数相绕组电机，根据相互残差的范数值，故障诊断公式为

$$\begin{cases}\left.\begin{aligned}&H_2(r_{x-1,x}(t))=\text{范数阈值}\\&H_2(r_{x,x+1}(t))=\text{范数阈值}\\&H_2(r_{x,m+x}(t))=0\end{aligned}\right\}x\ \text{正常工作}\\\left.\begin{aligned}&H_2(r_{x-1,x}(t))=\text{开路范数阈值}\\&H_2(r_{x,x+1}(t))=\text{开路范数阈值}\\&H_2(r_{x,m+x}(t))=\text{开路范数阈值}\end{aligned}\right\}x\ \text{开路故障}\\\left.\begin{aligned}&H_2(r_{x-1,x}(t))=\text{短路范数阈值}\\&H_2(r_{x,x+1}(t))=\text{短路范数阈值}\\&H_2(r_{x,m+x}(t))>\text{范数阈值}\end{aligned}\right\}x\ \text{短路故障}\end{cases}\tag{5.11}$$

根据相互残差的数学期望值，故障诊断公式为

$$\begin{cases}\left.\begin{aligned}&\text{mean}(r_{x-1,x}(t))=0\\&\text{mean}(r_{x,x+1}(t))=0\\&\text{mean}(r_{x,m+x}(t))=0\end{aligned}\right\}x\ \text{正常工作}\\\left.\begin{aligned}&\text{mean}(r_{x-1,x}(t))=+\text{开路期望阈值}\\&\text{mean}(r_{x,x+1}(t))=-\text{开路期望阈值}\\&\text{mean}(r_{x,m+x}(t))=-\text{开路期望阈值}\end{aligned}\right\}x\ \text{开路故障}\\\left.\begin{aligned}&\text{mean}(r_{x-1,x}(t))=-\text{短路期望阈值}\\&\text{mean}(r_{x,x+1}(t))=+\text{短路期望阈值}\\&\text{mean}(r_{x,m+x}(t))=+\text{短路期望阈值}\end{aligned}\right\}x\ \text{短路故障}\end{cases}\tag{5.12}$$

经过各相电流的相互残差计算，以及范数值或数学期望值计算，不仅能够诊断

出故障类型，还能够准确诊断出故障位置，非常简洁、快速，对多相独立绕组电机的故障诊断非常适合。

基于数学计算的故障诊断流程如图 5.2 所示。具体是将采集的各相电流进行处理，计算相互残差，如果没有发生故障，电机按照正常模式运行。如果发生故障，根据数值可以判断出故障位置，然后再进一步判断是开路故障，还是短路故障。诊断出故障后，将该相绕组所在的驱动拓扑支路关闭，避免引起故障蔓延，造成系统崩溃。根据故障类型进行相应的故障容错处理，使电机能够保持平稳输出，最终保证整个机电作动系统的可靠性和安全性。

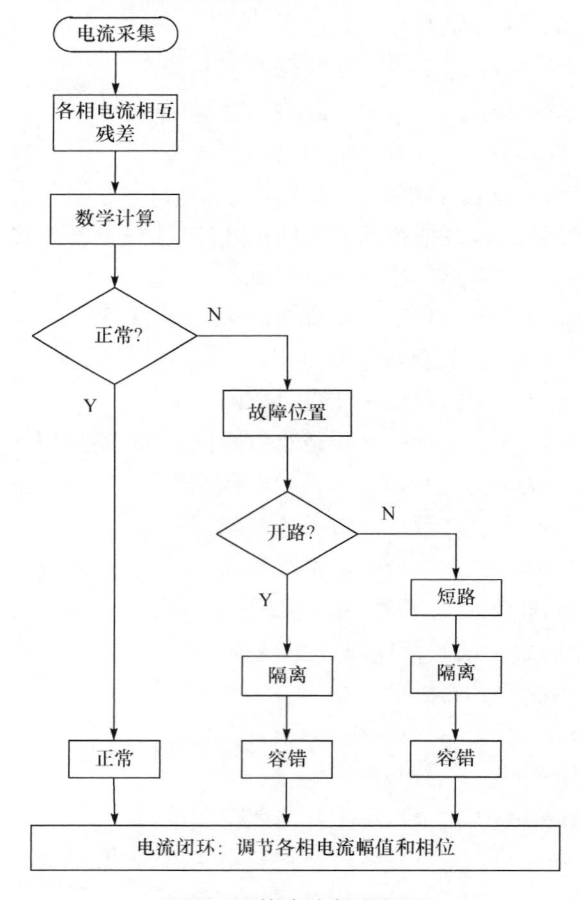

图 5.2 故障诊断流程图

为了验证本章提出方法的有效性和准确性，将其分别应用在三相永磁容错电机的绕组开路故障诊断和四相永磁容错电机的绕组开路故障与短路故障诊断上。

5.3　三相永磁容错电机绕组开路故障诊断

为了计算简便，一般将三相永磁容错电机的反电动势表述为

$$\begin{cases} e_1 = E\sin(\omega_e t) \\ e_2 = E\sin(\omega_e t + 2\pi/3) \\ e_3 = E\sin(\omega_e t - 2\pi/3) \end{cases} \tag{5.13}$$

为了使效率最高，定子各相注入相应的三相定子电流为

$$\begin{cases} i_1 = I\sin(\omega_e t) \\ i_2 = I\sin(\omega_e t + 2\pi/3) \\ i_3 = I\sin(\omega_e t - 2\pi/3) \end{cases} \tag{5.14}$$

因此，正常时电机做功为

$$P = e_1 i_1 + e_2 i_2 + e_3 i_3 = 1.5EI \tag{5.15}$$

假设 C 相绕组发生开路故障时，有

$$P_{\infty} = e_1 i_1 + e_2 i_2 = EI[\sin^2(\omega_e t) + \sin^2(\omega_e t + 2\pi/3)] \tag{5.16}$$

为了能够诊断出哪一相绕组发生了故障及故障类型，引入各相绕组电流之间的相互残差，即

$$\begin{aligned} r_{12}(t) &= i_1^2(t) - i_2^2(t) \\ r_{23}(t) &= i_2^2(t) - i_3^2(t) \\ r_{31}(t) &= i_3^2(t) - i_1^2(t) \end{aligned} \tag{5.17}$$

正常工作时，各相绕组电流之间的相互残差波形如图 5.3 所示。由此可知，三相绕组的相互残差的期望(均值)均为零。

假设 C 相绕组发生开路时，各相绕组电流之间的相互残差波形如图 5.4 所示。由此可知，B 相和 C 相两相之间，以及 C 相和 A 相两相之间的相互残差的期望(均值)均为非零值，偏离零值 0.5 左右；A 相和 B 相两相之间的相互残差的期望(均值)仍为零值，从而可以诊断出 C 相绕组发生开路故障。

类似的，对故障前后的功率值进行求 2 范数 H_2，即 $\|P\|_2$。各相绕组正常工作时，功率值的 H_2 值为 30。发生绕组开路故障后，功率值的 H_2 值为 21。

通过对比正常时与发生故障后功率值的 H_2 数值，即可判定是否发生绕组开路故障。

在已搭建的三相永磁容错电机的实验平台，对绕组开路故障诊断算法进行验证。如图 5.5 所示，在 C 相绕组发生开路故障的瞬间，故障诊断指示标志(示

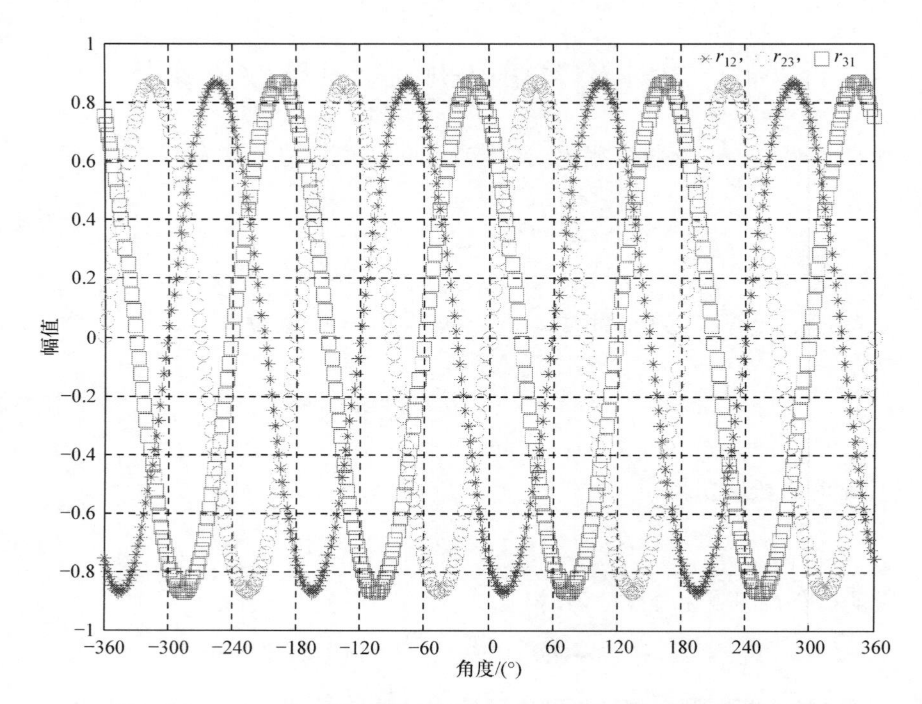

图 5.3　正常工作时的各相绕组电流之间的相互残差波形

波器通道 4),由 0V 直接跳变到+3.3V,说明故障诊断算法起到作用,并准确地诊断出故障类型和位置,同时剩余两相(A 和 B)绕组电流幅值增大,相位也发生了变化,说明在故障瞬间能够诊断出故障位置和类型,并进行相应的故障容错处理。

综述所述,该故障隔离方法的思想是正常工作时,各相绕组电流之间的相互残差的期望(均值)为零;若某相绕组发生开路故障时,与故障相相关的相互残差的期望(均值)不为零,与故障相不相关的相互残差期望(均值)仍然为零,从而可以诊断出发生故障的具体位置,实现故障隔离的目的,完成故障诊断的检测和隔离的两个步骤。

这种故障隔离方法与单独计算每相电流均值是否为零来诊断是否发生开路故障的区别,与通用观测器结构 GOS 和专用观测器结构 DOS 的区别类似[155],在保证故障隔离准确性高的同时,也可以很好地降低误警率。

普通三相电机没有短路电流抑制能力,如果发生短路故障,电机将烧毁,因此不做短路故障诊断。

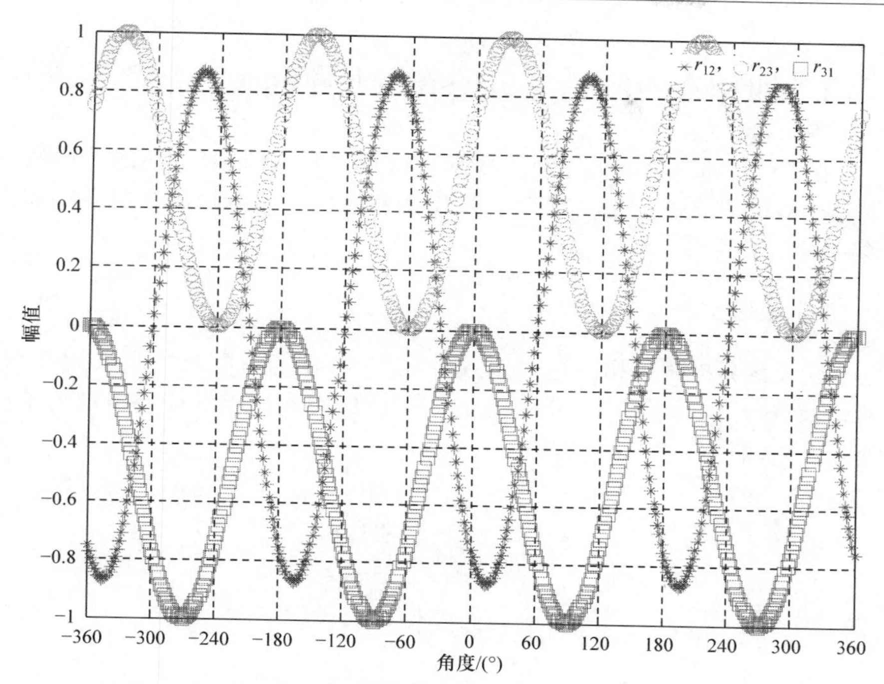

图 5.4　C 相绕组开路时的各相绕组电流之间的相互残差波形

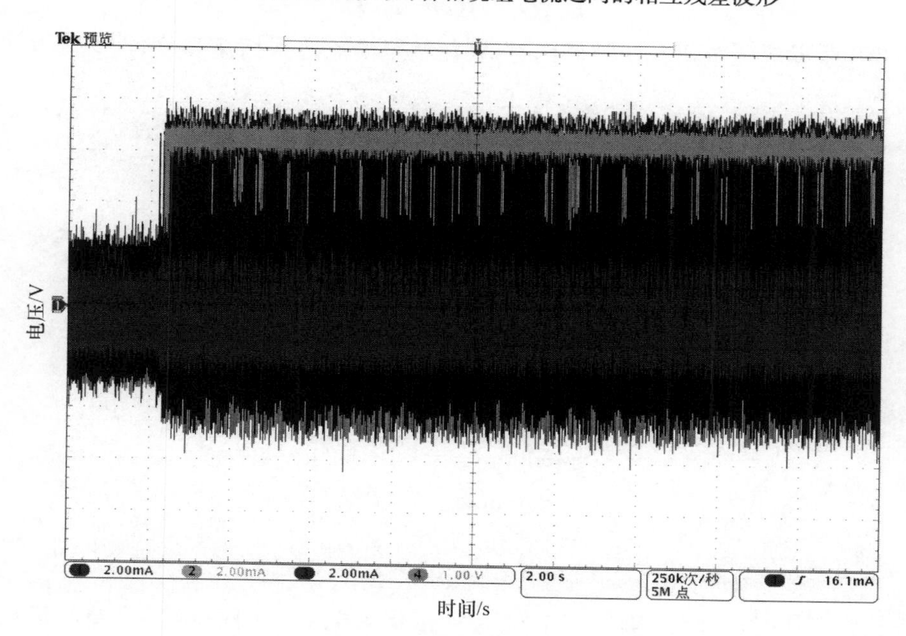

图 5.5　C 相绕组发生故障时的故障诊断波形

5.4　四相永磁容错电机的绕组开路和短路故障诊断

5.3 节只对普通三相电机的开路故障进行了诊断，为了对上述故障诊断方法的效果进行验证和推广研究，本节将其用于四相永磁容错电机的绕组开路和短路故障诊断。

5.4.1　正常工作状态

为了能够诊断出哪一相绕组发生故障，引入各相绕组电流之间的相互残差。考虑四相永磁容错电机相对两相电流为互补关系，因此在相互残差中加入相对两相的相互残差，即

$$
\begin{aligned}
r_{ab}(t) &= i_a^2(t) - i_b^2(t) \\
r_{bc}(t) &= i_b^2(t) - i_c^2(t) \\
r_{cd}(t) &= i_c^2(t) - i_d^2(t) \\
r_{da}(t) &= i_d^2(t) - i_a^2(t) \\
r_{ac}(t) &= i_a^2(t) - i_c^2(t) \\
r_{bd}(t) &= i_b^2(t) - i_d^2(t)
\end{aligned} \tag{5.18}
$$

四相永磁容错电机在正常工作时，各相绕组电流之间相互残差的 H_2 值为

r_ab_norm＝14.177
r_bc_norm＝14.177
r_cd_norm＝14.177
r_da_norm＝14.177
r_ac_norm＝0
r_bd_norm＝0

四相永磁容错电机在正常工作时，各相绕组电流之间相互残差的均值为

r_ab_mean＝－0.00249
r_bc_mean＝0.00249
r_cd_mean＝－0.00249
r_da_mean＝0.00249
r_ac_mean＝0
r_bd_mean＝0

正常工作时，四相永磁容错电机的各相绕组电流之间的相互残差波形如图5.6所示。可以看到，各相绕组电流之间相互残差的均值为零。

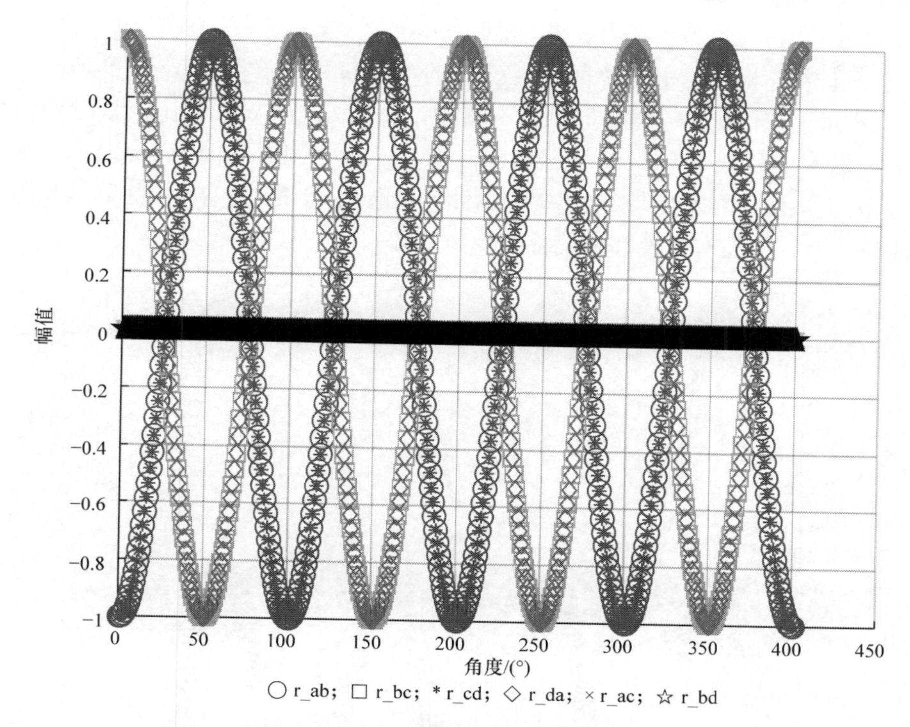

图 5.6　正常工作时的各相绕组电流之间的相互残差波形

5.4.2　绕组开路故障诊断

假设 B 相绕组发生开路故障时，四相永磁容错电机的各相绕组电流之间的相互残差波形如图 5.7 所示。各相绕组电流之间相互残差的 H_2 值为

r_ab_ib_oc_norm＝12.247

r_bc_ib_oc_norm＝12.247

r_cd_ib_oc_norm＝14.177

r_da_ib_oc_norm＝14.177

r_ac_ib_oc_norm＝0

r_bd_ib_oc_norm＝12.288

B 相绕组发生开路故障时，各相绕组之间相互残差的均值为

r_ab_ib_oc_mean＝0.499

r_bc_ib_oc_mean＝−0.499

r_cd_ib_oc_mean＝−0.00249

r_da_ib_oc_mean＝0.00249

r_ac_ib_oc_mean＝0

r_bd_ib_oc_mean＝－0.501

分析上述各相绕组电流之间相互残差的 H_2 值，可知 r_ab_ib_oc_norm 和 r_bc_ib_oc_norm 比正常时刻值差距 1.93 左右，r_bd_ib_oc_norm 比正常时刻值大 12.29 左右。此外，r_ab_ib_oc_mean、r_bc_ib_oc_mean 和 r_bd_ib_oc_mean 平均值都偏离正常值(均值为零)0.5 左右，因此可以验证 B 相绕组确实发生了开路故障，证明了该方法的有效性和准确性。

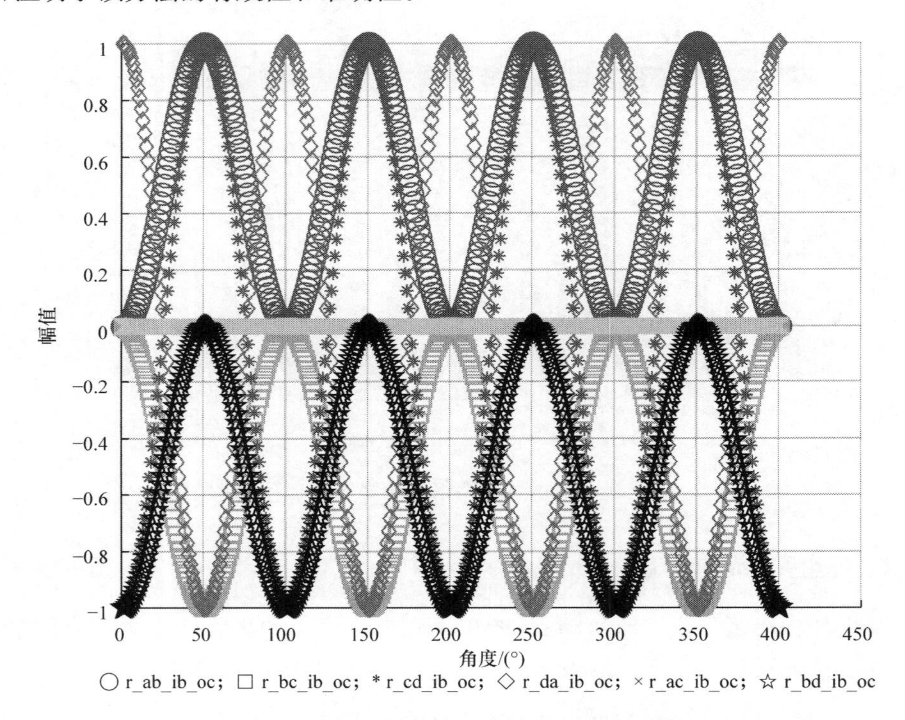

图 5.7　B 相绕组开路故障时的各相绕组电流之间的相互残差波形

5.4.3　绕组短路故障诊断

四相永磁容错电机在电机本体设计阶段，对其进行特殊磁路设计，使发生绕组短路故障时，短路电流可以被控制在额定值附近，从而保证电机不被烧毁，进行在线故障诊断和容错控制后，能够保证电机输出值在额定值附近，表现出短路故障容错能力。

为了进行故障诊断，首先研究发生短路故障后电机各相电流的表现。假设 B 相绕组发生短路故障，各相电流波形如图 5.8 所示。各相绕组磁路相互作用，且每相绕组采用独立驱动，因此发生短路故障后，其他相绕组电流基本不受影响，短路相电流幅值增大为原来的 1.2283 倍。短路相的相电感值相对相电阻而言非常大（主要是为了抑制短路电流过大），因此可等效为纯电感环节。短路相绕组的短路电流相位滞后将近 90°。

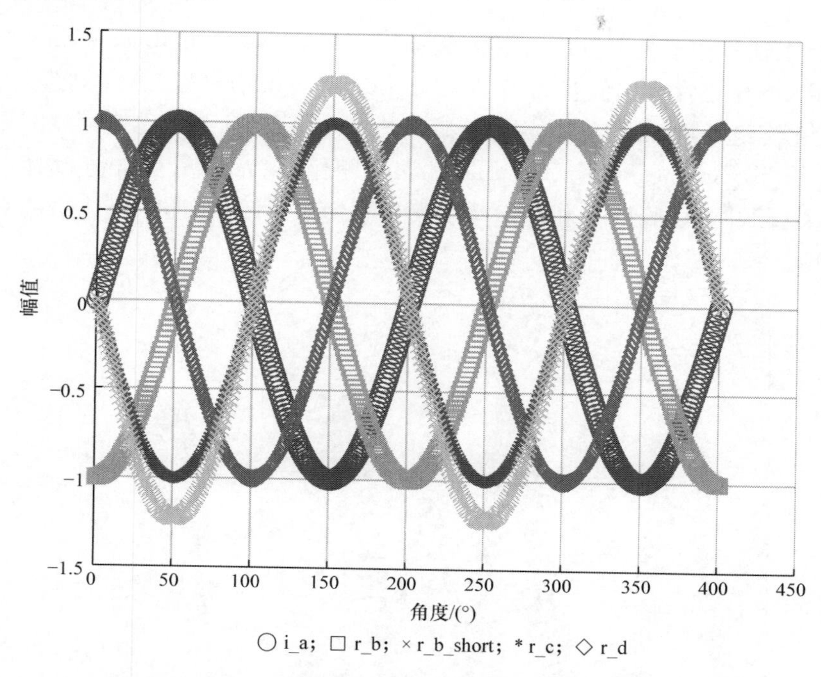

图 5.8　*B* 相绕组短路故障时的各相电流波形

假设 *B* 相绕组发生短路故障时，四相永磁容错电机的各相绕组电流之间的相互残差波形如图 5.9 所示。各相绕组电流之间相互残差的 H_2 值为

r_ab_ib_sc_norm＝6.231

r_bc_ib_sc_norm＝6.231

r_cd_ib_sc_norm＝14.178

r_da_ib_sc_norm＝14.178

r_ac_ib_sc_norm＝0

r_bd_ib_sc_norm＝18.481

B 相绕组发生短路故障时，各相绕组电流之间相互残差的均值为

r_ab_ib_sc_mean＝－0.254

r_bc_ib_sc_mean＝0.254

r_cd_ib_sc_mean＝－0.00249

r_da_ib_sc_mean＝0.00249

r_ac_ib_sc_mean＝0

r_bd_ib_sc_mean＝0.251

分析上述各相绕组电流之间相互残差的 H_2 值，可知 r_ab_ib_sc_norm 和 r_bc_ib_sc_norm 比正常时刻值差 7.95 左右，r_bd_ib_sc_norm 比正常时刻值大 18.48 左右，相比绕组开路故障，说明此种故障对电机的影响更大。此外，r_ab_ib_oc_mean、r_bc_ib_oc_mean 和 r_bd_ib_oc_mean 平均值都偏离正常值（均值为零）0.25 左右，因此可以验证 *B* 相绕组确实发生了短路故障，证明了该方法的有效性和准确性。

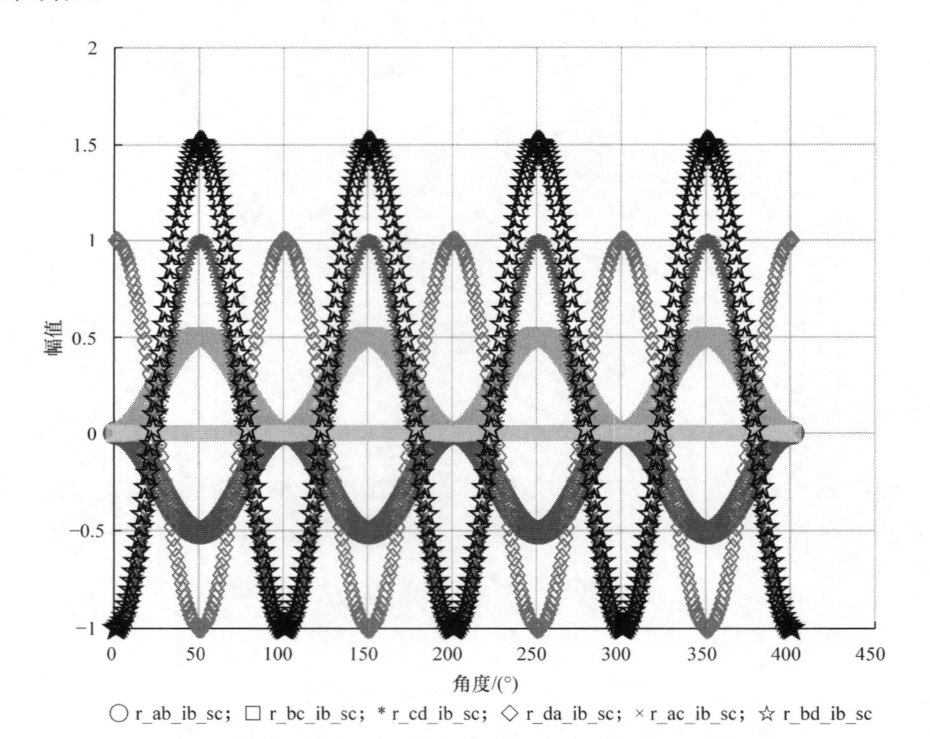

图 5.9　*B* 相绕组发生短路故障时的各相绕组电流之间的相互残差波形

5.5　小　　结

本章提出一种基于数学计算的故障诊断方法。其基本原理是利用各相电流的相互残差值进行故障检测，并对相互残差值进行范数计算或者数学期望计算，对故障隔离与定位，从而实现故障诊断的检测与诊断。为了验证该方法的有效性和准确性，将其分别应用在三相永磁容错电机的绕组开路故障诊断和四相永磁容错电机的绕组开路故障与短路故障诊断上。通过对比实际三相永磁容错电机的开路故障诊断的仿真与实验结果的一致性，验证了提出的故障诊断方法的快速性、有效性和准确性。

第 6 章　容错电机驱动控制系统实验平台

6.1　总体设计

为了验证提出的开路和短路故障容错策略的正确性和有效性，本章搭建了一套三相永磁容错电机驱动控制系统实验平台，主要由三相永磁容错电机驱动控制系统、转矩转速传感器和负载发电机等三部分组成。三相永磁容错电机驱动控制系统为被测试电机及其驱动控制系统，用来验证提出的容错策略。转矩转速传感器用来测量被测试电机的输出力矩和转速，直接采购货架产品。发电机与被测试电机都是三相永磁容错电机，将其每相都带上负载，作为被测试电机的负载。

三相永磁容错电机驱动控制系统主要由控制器、双电源可重构容错式驱动(器)拓扑结构、电机本体，以及一系列传感器等组成，如图 6.1 所示。三相永磁容错电机驱动控制系统选用 TMS320F28335 为数字控制核心，结合逻辑器件 CPLD 进行逻辑控制；驱动器采用第 4 章提出的可变结构式驱动拓扑驱动电机；采用高可靠性、高精度的旋转变压器进行位置、速度检测，选用隔离传感器测量电机驱动控制系统的各相电流、电压等。如图 6.1 所示为三相永磁容错电机驱动控制系统整体框图，主要包括容错控制器、电机本体和检测(位置、转速、电流、电压)装置等。上位机与电机驱动控制系统之间的控制指令与电机状态反馈信息通过 RS422 总线或者 CAN 总线进行通信。

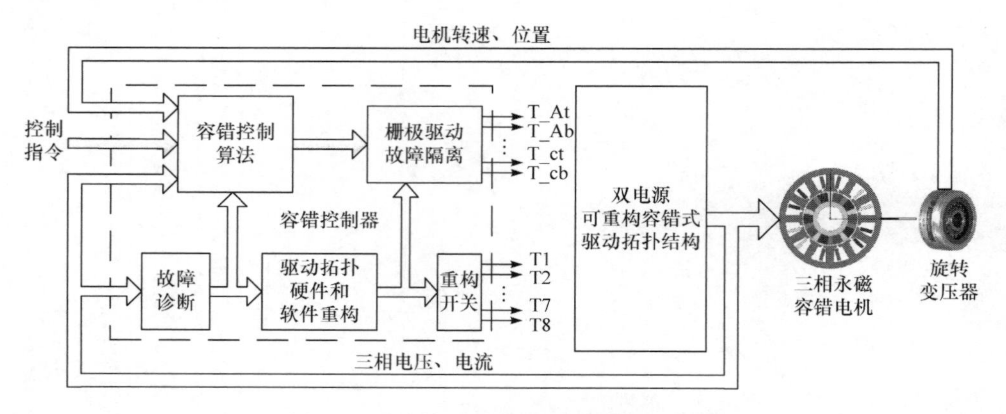

图 6.1　三相永磁容错电机驱动控制系统

6.2 容错控制器

容错控制器主要承担三相永磁容错电机驱动控制系统的信息采集、故障诊断、容错控制算法的实现、故障隔离、驱动拓扑重构逻辑等任务，完成电机驱动逻辑控制、位置和转速的闭环控制、逻辑保护等功能。容错控制器主要由DSP和CPLD组成。DSP作为主控制芯片，根据测量的三相永磁容错电机的电压、电流、转速或者转子位置等数据进行运算处理，实现故障诊断和容错控制算法。CPLD辅助DSP实现组合逻辑，用于减轻DSP的逻辑控制运算负担，完成电机的时序控制、驱动拓扑重构逻辑、栅极驱动和故障隔离等功能。

DSP具有强大的快速数字信号运算能力和丰富的外设资源。本章采用美国TI公司的TMS320F28335作为主控制器。容错控制器原理框图如图6.2所示。DSP接收上位机的控制指令信号，结合接收到的电机转子位置、转速、各相电压和相电流等信息，根据故障诊断算法可将故障类型诊断出来，并采用相应的容错控制算法，再结合当前电机转子位置和转速信息，产生各相独立控制所需的PWM脉宽调制波形。CPLD选用美国Lattice公司的LC4256，根据PWM信号和电机工作的时序逻辑，控制驱动器中相应的功率器件的导通与关闭，完成对电机转向和转速的控制等功能。CPLD还能根据DSP发过来的驱动拓扑重构信号，将驱动拓扑结构上的重构开关或者功率管打开或关闭，实现驱动拓扑结构的变换。此外，CPLD还能根据电流保护滞环比较电路的信号来打开或者关闭相应桥臂上的功率管，起到保护驱动器的作用。DSP通过RS422接口或者CAN接口与上位机进行通信，将电压、电流、转速等电机系统当前状态信息发送到上位机进行监控，同时接收上位机的控制指令信号，对电机进行控制。

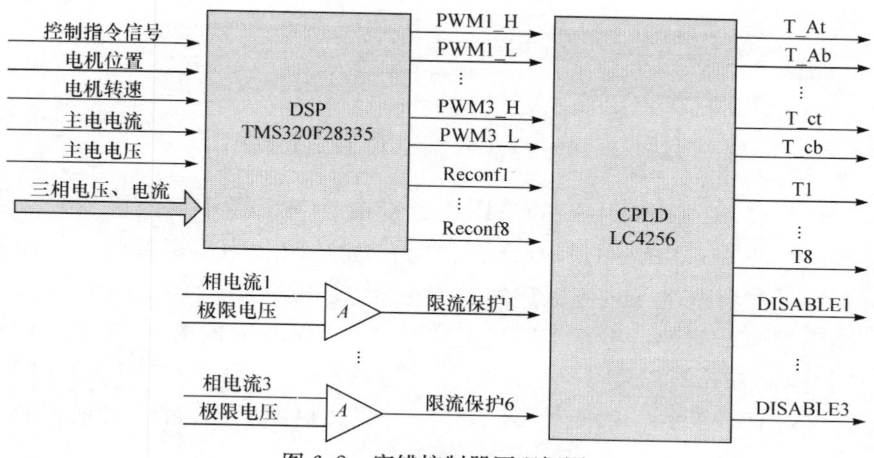

图6.2 容错控制器原理框图

6.3 可变结构式驱动(器)拓扑结构

可变结构式式驱动(器)拓扑结构能够在发生开路或短路故障时进行动态重构,将驱动拓扑结构进行结构变换。其最基本的功能是对容错控制器输出的脉冲信号进行功率放大,以驱动功率管和重构开关打开或关闭。因此,对驱动器的基本要求如下。

① 提供控制电压,使功率管和重构开关能够按照指令可靠的打开或者关闭,并且输入输出延迟应该尽可能小。

② 提供足够大瞬时电流,使功率管和重构开关能迅速打开和关闭。

③ 具有电气隔离性能,使控制电路与驱动电路之间相互隔离,互不影响。

为提高系统安全性和电磁兼容性,容错控制器和功率管之间的功率管驱动控制器件,可选用全桥、半桥或单个功率管驱动控制器+光电耦合器件等,但是存在功耗大、体积大、速度慢等缺点。为了克服光电耦合器件的缺点,本章选用功耗小、体积小、速度快和集驱动与隔离为一体的半桥式电磁耦合驱动器件,实现控制电路与驱动电路的绝缘和驱动。为了提高可靠性和容错能力,三相永磁容错电机采用 3 个独立 H 桥驱动拓扑结构。单相绕组 H 桥驱动拓扑结构如图 6.3 所示。

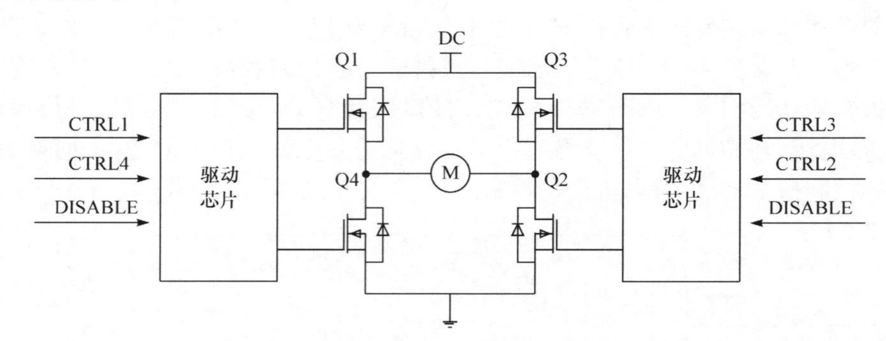

图 6.3 单相绕组 H 桥驱动拓扑结构示意图

CTRL1、CTRL2、CTRL3 和 CTRL4 分别通过功率管驱动控制器对应控制功率管 Q1、Q2、Q3 和 Q4 的打开或者关闭。DISABLE 为功率管驱动控制器的使能信号,其逻辑电平与过流保护信号相连,当绕组发生过流时,DISABLE 为高电平,功率管驱动控制器停止工作。正常时,DISABLE 为低电平,功率管驱动控制器正常控制功率管的打开或者关闭。通过改变 CTRL1、CTRL2、CTRL3 和 CTRL4 对应 PWM 波的占空比,调节电机每相的控制电压,最终实现控制电机的转速。

随着电力电子器件[156]的发展，应用在电机驱动系统中，比较常见的功率器件主要有智能功率模块(intelligent power module，IPM)、MOSFET，以及 IGBT 等。IPM 将功率管、驱动电路、过压保护、过流保护、过热保护等功能集成在一起，能够将故障检测信号送给控制器并做相应的故障处理。正是具有高可靠性、高性价比、方便使用等优点，其广泛应用于工业交流驱动中，但是存在体积大、重量大、过于复杂等缺点，不太适合航空航天等领域的要求。MOSFET 具有开关频率高、无二次击穿现象、驱动功率小等优点，但存在电压和电流容量小、导通损耗大等缺点，不太适合要求高功率密度的电机驱动控制系统。IGBT 兼具 MOSFET 和双极型器件的优点，具有输入阻抗高、开关速度快、安全工作区宽、饱和压降低、耐压高、电流大、工作稳定性强、可靠性高等优点，非常适合航空航天要求的高功率密度驱动控制系统。因此，选用单个 IGBT 组成驱动器中的功率变换电路，具有布局灵活、功率密度高等优点。

6.4　电机转子位置、转速测量

旋转变压器是一种具有高可靠性和精确的角度、速度的模拟电压式测量装置，特别适合高温、高震动、环境恶劣等应用场合。根据电机驱动控制系统的高可靠性和强抗干扰能力等方面的要求，选用旋转变压器作为电机转子位置和速度的检测装置。旋转变压器作为检测装置需要输入高频载波信号，输出是包含转子绝对角位置和速度信息的正余弦电压信号。为了使旋转变压器正常工作，将反馈的电压信号中包含的转子位置和速度信息解调出来，需要专门的解调器件。目前比较成熟的旋转变压器解调器件生产公司主要有美国的 TI 和 ADI 公司，以及日本的多摩川公司，这些专业解调芯片具有功能强大、体积小等优点；国内也有专用解调模块，功能和国外器件类似，但是体积和重量均较大，不太适合小型化应用场合。

本章选用 ADI 公司的旋转变压器专用解调芯片 AD2S1210[157]。该芯片是一款 10～16 位分辨率可调的旋转变压器数字转换器，具有如下优点。

① 集成片上可编程正弦波振荡器，可以设置激励频率为 2～20kHz 的多个标准频率，为旋转变压器提供正弦波激励。

② TypeⅡ跟踪环路能够连续解调出位置数据，没有转换延迟，同时解调输出的位置和速度具有无静态误差优点。此外，还可以抑制噪声，参考输入信号的谐波失真，具有较强的抗干扰能力和远距离传输能力。

③ 集成片上故障检测器可以检测旋转变压器的信号丢失、输入信号超限及失配、位置跟踪丢失。

④ 解调出来的 10～16 位绝对角位置或速度数据可以通过 16 位并行或 4 线串行接口输出。

如图 6.4 所示为旋转变压器解调芯片 AD2S1210 原理图。容错控制器通过端口 RES0 和 RES1 可设置激励信号 EXC 和$\overline{\text{EXC}}$的频率；SIN＋、SIN－、COS＋和COS－是旋转变压器的四路正余弦反馈输出信号；DB0～DB15 是并行数据传输 I/O 接口，同时 DB13～DB15 又可以作为串行外设总线接口，$\overline{\text{SOE}}$为低电平时使用串行接口，为高电平时使用并行接口；VDRIVE 为数据接口供电电源。在本系统中接上＋3.3VDC，可以将其与容错控制器数据接口的逻辑电平设置为＋3.3VDC，从而不需要信号电平转换，便于信号传输与使用。为了节省 DSP 的 I/O 口，选用串行通信模式，将 AD2S1210 解算出来的转子位置和速度通过串行接口送至容错控制器。

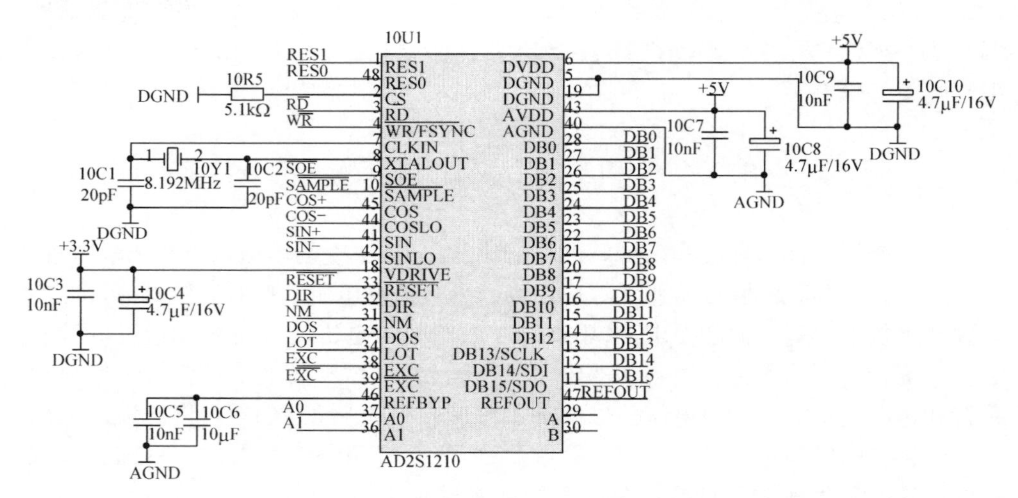

图 6.4　旋转变压器解调芯片 AD2S1210 原理图

6.5　电流测量及限流保护电路

电流检测是电机控制系统中非常重要的组成部分。其动态性能和精度直接影响控制系统的性能[158]，主要有电阻分压检测、闭环霍尔电流传感器和开环霍尔电流传感器等。电阻分压检测方法使用简单，但是精度不高，主要应用于小电流测量。闭环霍尔电流传感器具有精度高的优点，但是存在体积大、重量大、调理电路复杂等缺点，不适合直接应用于空间和重量受限的电机驱动控制系统。

综合考虑精度、体积、调理电路复杂程度等因素，选用一种开环霍尔电流传感器测量各相电流和主电流。Allegro Micro 公司[159]出品的基于霍尔效应的线性电流传感器 ACS758，具有体积小、可靠性高、精度高、速度快、损耗小等优点，广泛应用于汽车业、商业、通信等行业中直流和交流的测量。因为其基于霍尔效应，可将功率侧电路和电子控制侧电路隔离，便于将测量的电压信号经过电平调理后直接送给容错控制器的AD采样转换端口。在+5V供电时，其测量电流线性范围为±200A，对应输出电压为0.5～4.5V，2.5V为其测量零点，对应0A电流。ACS758电流测量电路示意图如图6.5所示，IP+和IP－为电流测量端，VIOUT为转换为电压值的测量输出端。其输出电压范围超出了容错控制器的AD采样转换端口的0～3V，因此需要将ACS758输出的电压信号进行调理和滤波处理。

根据电流测量和限流保护这两种功能，对应有两种调理电路，如图6.6所示。其中图6.6(a)为电流测量调理部分，经过调理后，电压由0～5V变换为0～3V，满足容错控制器的AD采样转换端口的电压范围。

如图6.6(b)所示为限流保护调理部分，经过调理后，电压由0～5V变换为0～3V。经过处理后的信号用来进行限流保护，根据需要计算出所限正负最大电流对应的极限电压参考值。为了使电机具有一定的过载能力，可将电机峰值相电流限定为98A，由此可计算出正负限流保护参考电压分别为2.6498V和0.34965V。如图6.7所示为限流保护电路，若正向或负向电流超出保护范围，相应侧限流保护指示信号FAULT为低，送给容错驱动控制器中的CPLD，进行限流保护逻辑判断。其输出的限流保护信号DISABLE接至功率管驱动控制器件的使能端口。如果限流保护信号DISABLE为高电平，功率管驱动控制器将关闭输出控制信号。这样过流相绕组所在H桥上的功率管停止工作。当检测到电流在正常范围内时，限流保护信号DISABLE变为低电平，功率管驱动控制器按照控制要求输出控制信号。这样功率管就又恢复为正常工作状态，如此往复。

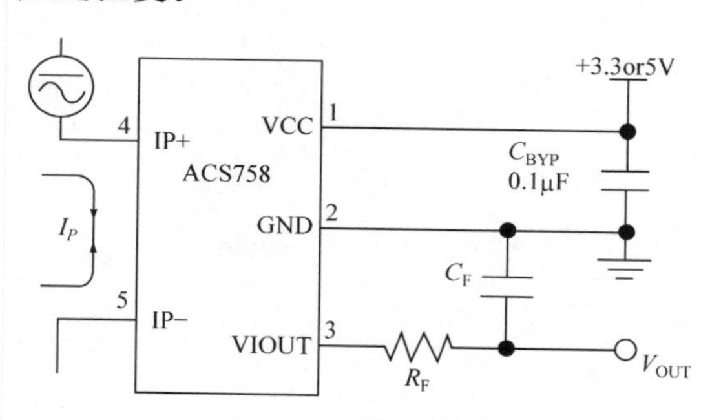

图6.5　ACS758电流测量电路示意图

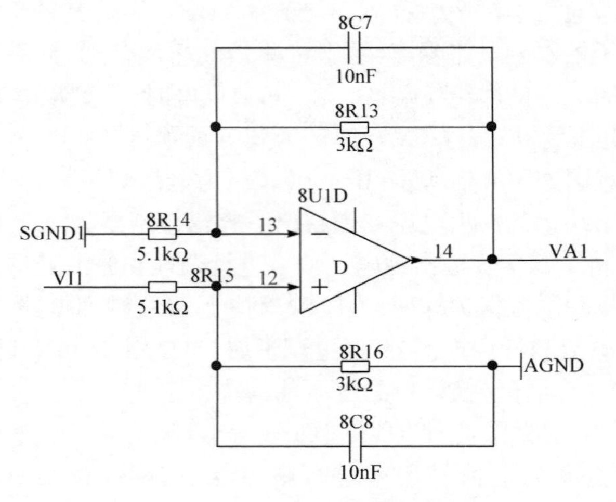

(a) 电流测量调理

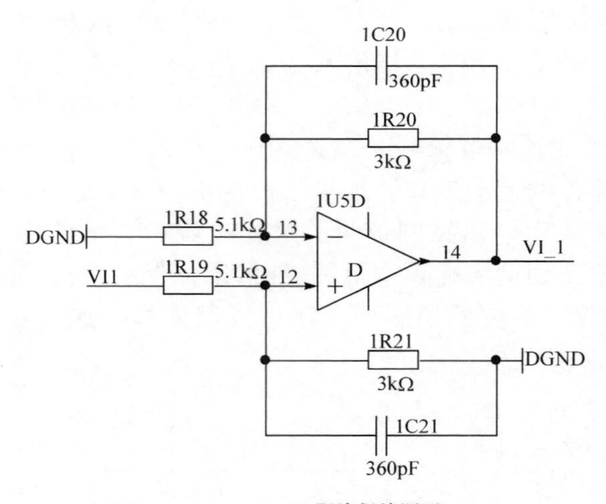

(b) 限流保护调理

图 6.6　电流调理电路

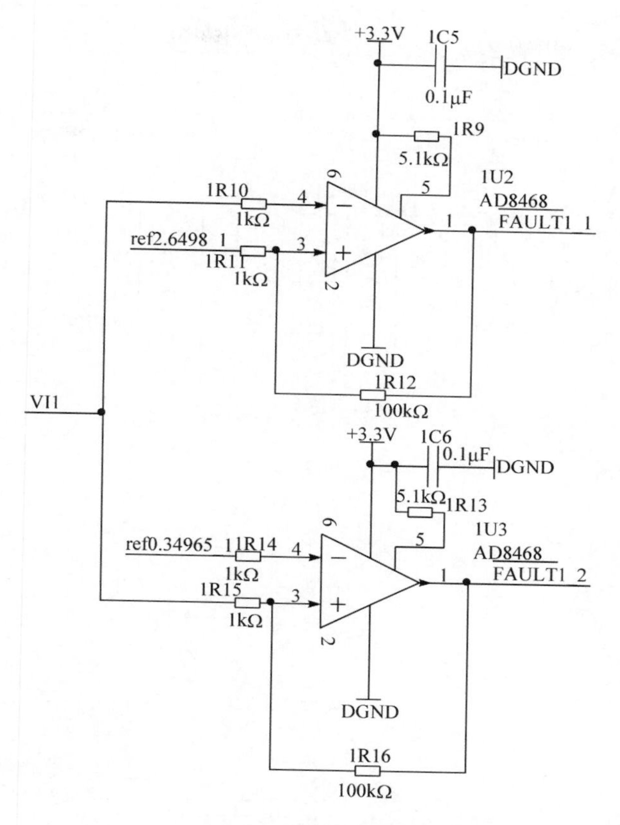

图 6.7　限流保护电路

6.6　容错控制软件设计

由上述分析可知，容错控制器主要由数字信号处理芯片和逻辑器件组成，因此软件设计也主要分为 DSP 和 CPLD 程序设计两部分（图 6.8）。DSP 程序设计主要包括初始化、电压电流测量、角度速度测量、基本算法、通信、故障诊断算法、故障容错算法、重构逻辑等。容错控制系统主程序流程如图 6.9 所示。CPLD 程序设计主要包括电流保护、功率管保护、死区设置、故障隔离、功率管控制和主控制程序监测等。CPLD 逻辑运算控制框图如图 6.10 所示。以 A 相为例，CPLD 逻辑运算控制真值表如表 6.1 所示。

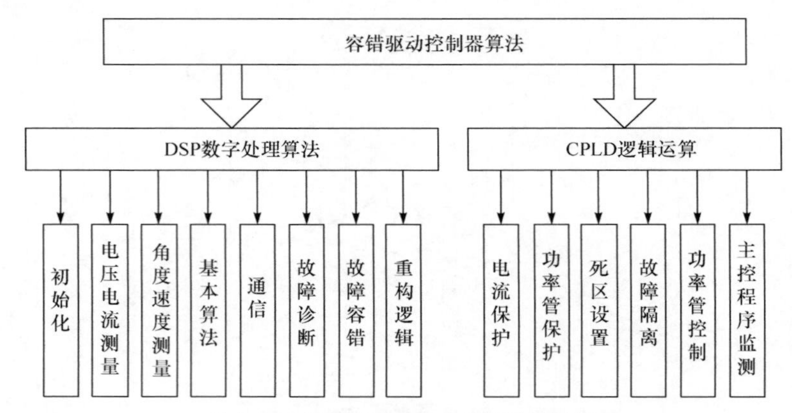

图 6.8　容错控制系统主程序流程框图

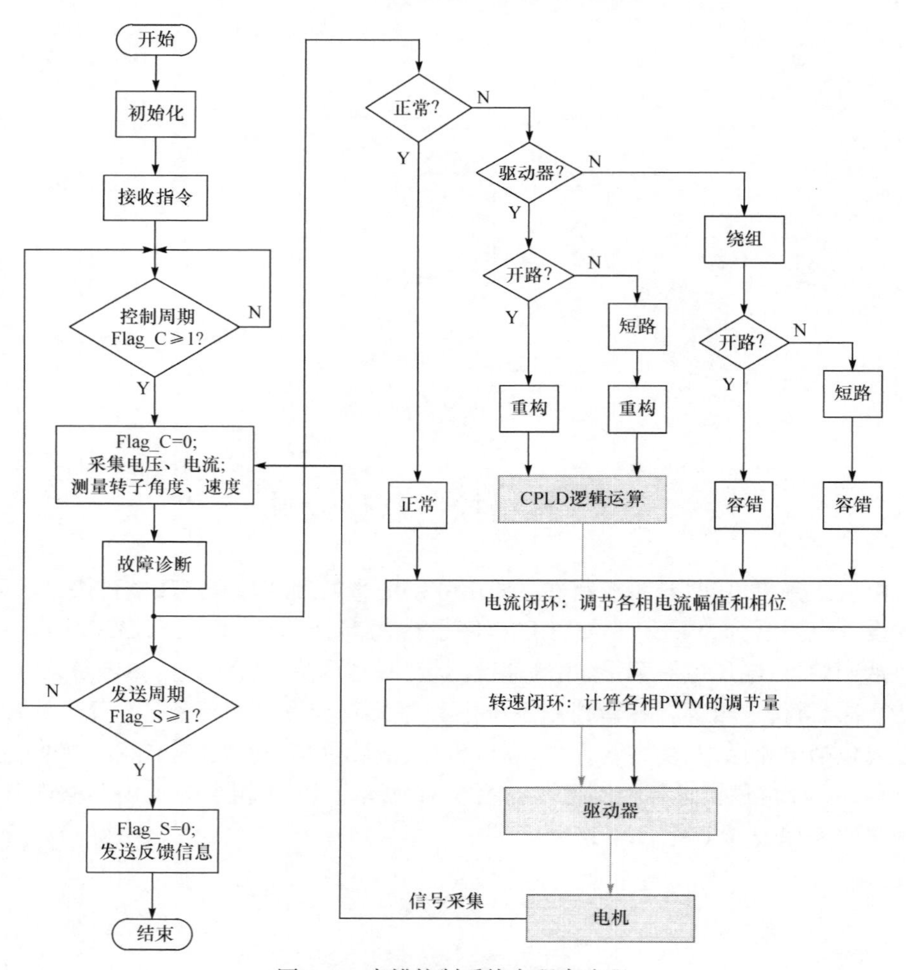

图 6.9　容错控制系统主程序流程

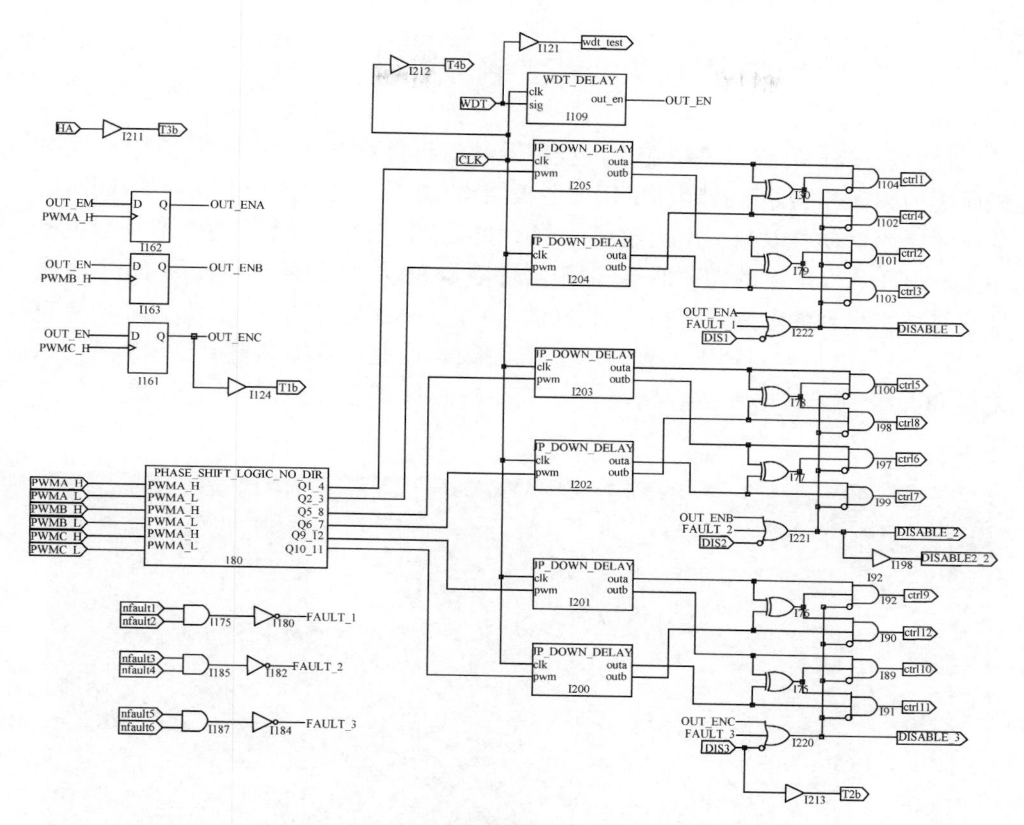

图 6.10　CPLD 逻辑运算控制框图

表 6.1　单相 CPLD 逻辑运算控制真值表

输入					输出				
DIS1	nfault1	nfault2	PWMA_H	PWMA_L	Ctrl1	Ctrl4	Ctrl2	Ctrl3	DISABLE_1
1	0	0	—	—	0	0	0	0	1
1	0	1	—	—	0	0	0	0	1
1	1	0	—	—	0	0	0	0	1
1	1	1	0	1	0	1	0	1	0
1	1	1	1	0	1	0	1	0	0

6.7 测试平台搭建

根据前述分析，设计并研制出的控制器和驱动器采用堆栈式连接方式，组成电机所需的驱动控制器。控制器采用四层板结构，上下两层为信号走线层，中间两层为电源层。这样可以减小干扰，避免形成回路，降低分布电容和电感。驱动器主要布置高电压和大电流的功率器件，由于器件数量较少，且电路布局较简单，采用两层板布局。另外的考虑是将控制部分(弱电)和功率部分(强电)分开布置在两块板上，可以将强电信号对弱电信号的干扰降至最低，因此可以提高整个控制系统的稳定度和可靠性。三相永磁容错电机及其驱动控制器组成的测试平台如图 6.11 所示。

图 6.11 测试平台

6.8　小　结

本章搭建基于容错控制器和双电源可重构容错式驱动拓扑结构的三相永磁容错电机驱动控制系统实验平台，详细介绍各主要部分的功能和实现过程。容错控制器主要承担三相永磁容错电机驱动控制系统的信息采集、故障诊断、容错控制算法的实现、故障隔离、驱动拓扑重构逻辑等任务，完成电机驱动逻辑控制、位置和转速的闭环控制、逻辑保护等功能。可变结构式式驱动拓扑结构，能够在发生开路或短路故障时进行动态重构，将驱动拓扑结构进行变换。此外，其最基本的功能是对容错控制器输出的脉冲信号进行功率放大，以驱动驱动器中的功率管和重构开关打开或关闭。

第7章 总结与展望

7.1 总 结

本书以提高机电作动系统的可靠性为方向，研究机电作动器的核心和关键部件——电机及其驱动系统的可变拓扑结构和容错技术。

提出一种可变结构容错式机电作动系统架构。搭建并分析常用机电作动系统的可靠性，重点分析常用单通道机电作动系统、双余度机电作动系统的失效率模型。为了克服单通道机电作动系统的可靠性低，以及双余度机电作动系统的控制复杂、体积大、重量重的缺点，提出一种可变结构容错式机电作动系统架构，搭建了其失效率模型。从数据上看，该系统的可靠性指标满足民用航空航天需求。

提出电机绕组拓扑结构可变结构控制方法。在高可靠性应用领域，一般采用多相永磁容错电机系统。永磁容错电机理论和应用研究方面的成果较多，但是对多相永磁容错电机本体拓扑在线可变结构及相应控制方法的相关研究成果尚未见报道。为了进一步提高机电作动系统的可靠性，拓宽工况适应范围，研制了一台六相永磁容错电机工程样机，从结构、磁链、转矩脉动、开路和短路性能等方面进行分析，并建立为其后续容错控制所需的数学模型。在分析电机绕组故障类型的基础上，提出相应的故障容错策略。为了适应不同的工况，提出电机绕组拓扑结构可变结构控制方法，并进行算法和实验验证。在此基础上，进一步完成一种18kW的九相可变结构永磁容错电机方案设计。

提出两种可变结构式驱动拓扑结构。分析现有容错式驱动拓扑结构发生开路和短路故障的容错机理和性能。为了满足系统结构可变，适应不同工况的需求，提出两种新型具有可变结构和容错性能的驱动拓扑结构。其能够根据不同的工况需求变换驱动拓扑结构，使独立绕组电机达到不同的工作状态，实现了一台电机可以满足多种工况的需求，相比多电机＋离合器进行速度或力矩耦合系统，可以实现一机多用，同时能够有效地提高电机系统功率密度、电机与功率器件使用率，降低系统重量、减小系统体积。此外，相比普通H桥或者星形驱动拓扑结构，这两种驱动拓扑结构具有很强的故障容错能力和在线变结构能力，可以根据不同的工况需求，实现非常灵活的结构变换。

提出两种基于数学计算的故障诊断策略。为了能够在驱动器或者电机绕组发生开路或者短路故障时，及时进行故障容错，提出两种基于数学计算的故障诊断策略,并进行了算法的仿真和实验验证。

搭建系统级仿真平台和测试平台。利用电路和电磁场瞬态联合仿真方法,构建永磁容错电机及其驱动拓扑结构在正常、(电机和驱动器)故障、容错和结构变换前后的系统级仿真模型,可以为驱动拓扑结构和绕组的开路和短路故障分析、容错算法和变结构算法验证等提供良好的系统级仿真验证平台。阐述了18kW六相永磁容错电机驱动控制器的软、硬件设计,包括驱动器电路、控制器电路硬件设计,以及容错控制系统软件程序设计,并搭建电机驱动控制系统的工程化性能测试平台。进一步,验证了提出的变结构控制、故障诊断、故障容错算法对整个电机驱动系统的有效性和正确性,为实现高可靠性航空作动电机驱动控制系统奠定了实验基础。

7.2 展 望

为了提高机电作动系统的可靠性和安全性,本书提出一种可变结构容错式机电作动系统架构,并对其展开了较为全面的研究。我们认为下一步需要对以下几个问题展开研究。

可变结构式多相电机系统的工程化。本书提出可变结构式多相永磁容错电机系统,只进行了理论、仿真和实验验证,尚需工程化验证与应用。

优化驱动拓扑结构设计。在本书提出的可变结构式驱动拓扑结构的基础上,应该进一步分析结构变换过程中的电机和驱动器的状态研究与控制,并对其进行优化,以便工程化。

绕组匝间短路故障诊断与容错控制。本书只研究了绕组接线端短路故障容错,但是在老化期经常发生匝间短路故障。其短路电流解析式的推导、诊断,以及容错控制将是后续研究的重点和难点。

参考文献

[1] 郭宏,邢伟. 机电作动系统发展. 航空学报,2007,28(3):620-627.

[2] Cao W P,Mecrow B C,Atkinson G J,et al. Overview of electric motor technologies used for more electric aircraft(MEA). IEEE Transactions on Industrial Electronics,2012,59(9):3523-3531.

[3] Mecrow B C,Cullen J,Mellor P. Electrical machines and drives for the more electric aircraft. IET Electric Power Applications,2011,5(1):1-2.

[4] Bojoi R, Neacsu G M,Tenconi A. Analysis and survey of multi-phase power electronic converter topologies for the more electric aircraft applications//International Symposium on Power Electronics,Electrical Drives,Automation and Motion,2012:440-445.

[5] Naayagi R T. A review of more electric aircraft technology//IEEE International Conference on Energy Efficient Technologies for Sustainability,2013:750-753.

[6] Elhafez A A,Forsyth A J. A review of more-electric aircraft//The 13th International Conference on Aerospace Sciences & Aviation Technology,2009:ASAT-13-EP-01.

[7] Weimer J A. The role of electric machines and drives in the more electric aircraft//IEEE International Electric Machines and Drives Conference,2003,1:11-15.

[8] Rubertus D P,Hunter L D,Cecere G J. Electromechanical actuation technology for the all-electric aircraft. IEEE Transactions on Aerospace and Electronic Systems,1984,20(3):243-249.

[9] Winblade R. The all-electric airplane:what is it. IEEE Transactions on Aerospace and Electronic Systems,1984,20(3):211-212.

[10] Engelland J D. The evolving revolutionary all-electric airplane. IEEE Transactions on Aerospace and Electronic Systems,1984,20(3):217-220.

[11] Treacy J J. Flight safety issues of an all-electric aircraft. IEEE Transactions on Aerospace and Electronic Systems,1984,20(3):227-233.

[12] Boglietti A,Cavagnino A,Tenconi A,et al. The safety critical electric machines and drives in the more electric aircraft:a survey//The 35th Annual Conference of Industrial Electronics,2009:2587-2594.

[13] Bennett J W,Mecrow B C,Atkinson D J,et al. Safety-critical design of electromechanical actuation systems in commercial aircraft. IET Electric Power Applications,2011,5(1):37-47.

[14] Villani M,Tursini M,Fabri G,et al. High reliability permanent magnet brushless motor drive for aircraft application. IEEE Transactions on Industrial Electronics,2012,59(5):2073-2081.

[15] Bennett J, Atkinson G, Mecrow B, et al. Fault-tolerant design considerations and control strategies for aerospace drives. IEEE Transactions on Industrial Electronics, 2012, 59(5): 2049-2057.

[16] 蒋志宏,朱纪洪. 无负载均衡控制的两余度舵机及其非线性补偿控制. 微电机,2008, 41(5):13-16.

[17] Bose B K. Power electronics and motor drives recent progress and perspective. IEEE Transactions on Industrial Electronics, 2009, 56(2): 581-588.

[18] Ducard G J J. Fault-tolerant flight control and guidance systems for a small unmanned aerial vehicle. Zurich: Swiss Federal Institute of Technology, 2007.

[19] Atkinson G J, Mecrow B C, Jack A G, et al. The analysis of losses in high-power fault-tolerant machines for aerospace applications. IEEE Transactions on Industrial Applications, 2006, 42(5): 1162-1170.

[20] Ganev E D. High-performance electric drives for aerospace more electric architectures part I-electric machines//IEEE Power Engineering Society General Meeting, 2007: 1-8.

[21] Ede J D, Atallah K, Wang J B, et al. Modular fault-tolerant permanent magnet brushless machines//IEE International Conference on Power Electronics, Machines and Drives, 2002: 415-420.

[22] 吉敬华,孙玉坤,朱纪洪,等. 模块化永磁电机的设计分析与实验. 电工技术学报,2010, 25(2):22-29.

[23] 付永领,祁晓野,王锴,等. 多电飞机的关键技术//中国航空学会液压气动专业 2005 年学术讨论会,2005:212-218.

[24] 周正伐. 可靠性工程基础. 北京:中国宇航出版社,2009.

[25] Stephens C M. Fault detection and management system for fault tolerant switched reluctance motor drives. IEEE Transactions on Industry Applications, 1991, 27(6): 1098-1102.

[26] Arkadan A A, Kielgas B W. Switched reluctance motor drive systems dynamic performance prediction under internal and external fault conditions. IEEE Transactions on Energy Conversion, 1994, 9(1): 45-52.

[27] Arkadan A A, Kielgas B W. The coupled problem in switched reluctance motor drive systems during fault conditions. IEEE Transactions on Magnetics, 1994, 30(5): 3256-3259.

[28] Miller T J E. Faults and unbalance forces in the switched reluctance machine. IEEE Transactions on Industry Applications, 1995, 31(2): 319-328.

[29] Husain I, Radun A, Nairus J. Unbalanced force calculation in switched-reluctance machines. IEEE Transactions on Magnetics, 2000, 36(1): 330-338.

[30] 吉敬华,孙玉坤,赵文祥,等. 转子静态偏心开关磁阻电机径向力计算及补偿. 江苏大学学报(自然科学版),2008,29(5):432-436.

[31] Lequesne B, Gopalakrishnan S, Omekanda A M. Winding short-circuits in the switched reluctance drive. IEEE Transactions on Industry Applications, 2005, 41(5): 1178-1184.

[32] Rauch S E, Johnson L J. Design principles of flux-switching alternators. Transactions of

the American Institute of Electrical Engineers, Power Apparatus and Systems, Part III, 1955,74(3):1261-1268.

[33] Liao Y, Liang F, Lipo T A. A novel permanent magnet machine with doubly salient structure. IEEE Transactions on Industry Applications, 1992, 31(5):1069-1078.

[34] Cheng M, Chau K T, Chan C C, et al. Control and operation of a new 8/6-pole doubly salient permanent magnet motor drive. IEEE Transactions on Industry Applications, 2003, 39(5): 1363-1371.

[35] 赵文祥. 高可靠性定子永磁型电机及其容错控制. 南京:东南大学博士学位论文,2010.

[36] 程明,周鹗. 新型分裂绕组双凸极变速永磁电机的分析与控制. 中国科学(E辑),2001, 31(3):228-237.

[37] 胡勤丰,严仰光. 永磁式双凸极电机角度提前控制方式. 电工技术学报,2005,20(9): 13-18.

[38] 李永斌,江建中,邹国棠. 新型定子双馈双凸极永磁电机研究. 中国电机工程学报,2005, 25(21):119-123.

[39] 余海阔,陈世元,彭海涛. 双凸极永磁电机齿槽转矩的几种削弱方法. 微电机,2011, 44(1):11-13.

[40] Deodhar R P, Andersson S, Boldea I, et al. The flux-reversal machine: a new brushless doubly-salient permanent-magnet machine//IEEE Industry Applications Society Annual Meeting, 1996:786-793.

[41] Wang C, Nasar S A, Boldea I. Three-phase flux reversal machine (FRM). Proceedings of IEE on Electrical Power Applications, 1999, 146(2):139-146.

[42] Boldea I, Zhang J, Nasar S A. Theoretical characterization of flux reversal machine in low-speed servo drives-the pole-PM configuration. IEEE Transactions on Industry Applications, 2002, 38(6):1549-1558.

[43] 王蕾,李光友,张强. 磁通反向电机的变网络等效磁路模型. 电工技术学报,2008,23(8): 18-23.

[44] 朱晗,李光友,孙雨萍. 磁通反向电机的发展及研究概况. 微特电机,2010,9:73-76.

[45] Hoang E, Ben-Ahmed A H, Lucidarme J. Switching flux permanent magnet polyphased synchronous machines//The 7th European Conference on Power Electronic and Applications, 1997:903-908.

[46] Zhu Z Q, Pang Y, Howe D, et al. Analysis of electromagnetic performance of flux-switching permanent magnet machines by non-linear adaptive lumped parameter magnetic circuit model. IEEE Transactions on Magnetics, 2005, 41(11):4277-4287.

[47] 花为,程明,Zhu Z Q,等. 新型磁通切换型双凸极永磁电机的静态特性研究. 中国电机工程学报,2006,26(13):129-134.

[48] 朱瑛,程明,花为,等. 磁通切换永磁电机的空间矢量脉宽调制控制. 电机与控制学报, 2010,14(3):45-50.

[49] 黄志文,沈建新,方宗喜,等. 用于弱磁扩速运行的三相 6/5 极永磁开关磁链电机的分析与

优化设计. 中国电机工程学报,2008,28(30):61-66.

[50] 王道涵. 新型磁通切换型磁阻电机系统的分析、设计与控制研究. 济南:山东大学博士学位论文,2010.

[51] Hua W,Zhu Z Q,Cheng M,et al. Comparison of flux-switching and doubly salient permanent magnet brushless machines//Proceedings of the Eighth International Conference on Electrical Machines and Systems,2005:165-170.

[52] Hua W,Cheng M,Jia H Y,et al. Comparative study of flux-switching and doubly-salient PM machines particularly on torque capability//IEEE Industry Applications Society Annual Meeting,2008:1-8.

[53] Owen R L,Zhu Z Q,Thomas A S,et al. Fault-tolerant flux-switching permanent magnet brushless AC machines//IEEE Industry Applications Society Annual Meeting,2008:1-8.

[54] Zhao W,Cheng M,Zhu X,et al. Analysis of fault-tolerant performance of a doubly salient permanent-magnet motor drive using transient cosimulation method. IEEE Transactions on Industrial Electronics,2008,55(4):1739-1748.

[55] Jack A G,Mecrow B C,Haylock J A. A comparative study of permanent magnet and switched reluctance motors for high-performance fault-tolerant applications. IEEE Transactions on Industry Applications,1996,32(4):889-895.

[56] Raminosoa T,Gerada C. A comparative study of permanent magnet-synchronous and permanent magnet-flux switching machines for fault tolerant drive systems//IEEE Energy Conversion Congress and Exposition,2010:2471-2478.

[57] Bausch H. Large power variable speed AC machines with permanent magnets//Electric Energy Conference,1987:265-271.

[58] Jack A G,Mecrow B C,Haylock J A. Fault-tolerant permanent magnet machine drives. Proceedings of IEE on Electrical Power Applications,1996,143(6):437-442.

[59] Jack A G,Mecrow B C,Atkinson G J. Design and testing of a four-phase fault-tolerant permanent-magnet machine for an engine fuel pump. IEEE Transactions on Energy Conversion,2004,19(4):671-678.

[60] Haylock J A,Mecrow B C,Jack A G,et al. Operation of fault tolerant machines with winding failures. IEEE Transaction on Energy Conversion,1999,14(4):1490-1495.

[61] Atkinson G J,Mecrow B C,Jack A G. The analysis of losses in high-power fault-tolerant machines for aerospace applications. IEEE Transactions on Industry Applications,2006,42(5):1162-1169.

[62] Ouyang W,Lipo T A. Multiphase modular permanent magnet drive system design and realization//IEEE Electric Machines and Drives Conference,2007:787-792.

[63] Ede J D,Atallah K,Howe D. Modular permanent magnet brushless servo motors. Journal of Applied Physics,2003,93(10):8772-8774.

[64] Ede J D,Atallah K,Wang J B,et al. Modular fault-tolerant permanent magnet brushless machines//International Conference on Power Electronics,Machines and Drives,2002:

415-420.

[65] Wang J B, Atallah K, Zhu Z Q, et al. Modular three-phase permanent-magnet brushless machines for in-wheel applications. IEEE Transactions on Vehicular Technology, 2008, 57(5): 2714-2720.

[66] Bennett J W. Fault tolerant electromechanical actuators for aircraft. Newcastle: School of Electrical, Electronic and Computer Engineering, Newcastle University, 2010.

[67] Ishak D, Zhu Z Q, Howe D. Influence of slot number and pole number in fault-tolerant brushless DC motors having unequal tooth widths. Journal of Applied Physics, 2005, 97(10): 10Q509.

[68] 齐蓉,陈明. 永磁容错电机及容错驱动结构研究. 西北工业大学学报,2005,23(4): 475-478.

[69] 吉敬华. 模块化容错永磁电机研究. 镇江:江苏大学博士学位论文,2009.

[70] 任元,孙玉坤,朱纪洪. 四相永磁容错电机的SVPWM控制. 航空学报,2009,30(8): 1490-1496.

[71] 郝振洋,胡育文. 电力作动器用高可靠性永磁容错电机控制系统的设计及其实验分析. 航空学报,2013,34(1):142-152.

[72] 司宾强. 容错电机性能分析与容错控制研究. 北京:清华大学博士学位论文,2014.

[73] Welchko B A, Lipo T A, Jahns T M, et al. Fault tolerant three-phase AC motor drive topologies: a comparison of features, cost, and limitations. IEEE Transactions on Power Electronics, 2004, 19(4): 1108-1116.

[74] Jahns T M. Improved reliability in solid-state AC drives by means of multiple independent phase-drive units. IEEE Transactions on Industry Applications, 1980, IA-16(3): 321-331.

[75] Rodríguez M A, Claudio A, Theillio D, et al. A failure-detection strategy for igbt based on gate-voltage behavior applied to a motor drive system. IEEE Transactions on Industrial Electronics, 2011, 58(5): 1625-1633.

[76] Naidu M, Gopalakrishnan S, Nehl T W. Fault-tolerant permanent magnet motor drive topologies for automotive x-by-wire systems. IEEE Transactions on Industry Applications, 2010, 46(2): 841-848.

[77] Shahbazi M, Poure P, Saadate S, et al. Fault-tolerant five-leg converter topology with FPGA-based reconfigurable control. IEEE Transactions on Industrial Electronics, 2013, 60(6): 1108-1116.

[78] Bolognani S, Zordan M, Zigliotto M. Experimental fault-tolerant control of a PMSM drive. IEEE Transactions on Industrial Electronics, 2000, 47(5): 1134-1141.

[79] Ribero R L A, Jacobina C B, da Silva E R C, et al. A fault tolerant induction motor drive system by using a compensation strategy on the PWM-VSI topology//IEEE Power Electronics Specialists Conference, 2001, 2: 1191-1196.

[80] Qin D Y, Luo X Q, Lipo T A. Reluctance motor control for fault-tolerant capability//IEEE International Electric Machines and Drives Conference Record, 1997: WA1/1. 1-1. 6.

[81] Argile R N,Mecrow B C,Atkinson D J,et al. Reliability analysis of fault tolerant drive topologies//IET Conference on Power Electronics,Machines and Drives,2008:11-15.

[82] Khwanon S,de Lillo L,Wheeler P,et al. Fault tolerant four-leg matrix converter drive topologies for aerospace applications//IEEE International Symposium on Industrial Electronics,2010:2166-2171.

[83] 赵争鸣,闵勇. 电机-控制集成系统的高故障容限研究. 中国电机工程学报,1999,19(3):21-25.

[84] 孙丹,贺益康,何宗元. 基于容错逆变器的永磁同步电机直接转矩控制. 浙江大学学报(工学版),2007,41(7):1101-1106.

[85] 杨正专,程明,赵文祥. 8/6 极双凸极永磁电机驱动系统容错型拓扑结构的研究. 电工技术学报,2009,24(7):34-40.

[86] 张兰红,胡育文,黄文新. 容错型四开关三相变换器异步发电系统的直接转矩控制研究. 中国电机工程学报,2005,25(18):140-145.

[87] 李宁,李颖晖,雷洪利,等. 多故障容错功能的新型逆变器拓扑研究. 电力电子技术,2013,47(3):106-108.

[88] Mecrow B C,Jack A G,Havlock J A,et al. Fault-tolerant permanent magnet machine drives. IEE Proceedings on Electrical Power Applications,1996,143(6):437-442.

[89] Liu T H,Fu J R,Lipo T A. A strategy for improving reliability of field-oriented controlled induction motor drives. IEEE Transactions on Industry Applications,1993,29(5):910-918.

[90] Fu J R,Lipo T A. Disturbance-free operation of a multiphase current regulated motor drive with an opened phase. IEEE Transactions on Industry Applications, 1994, 30 (5): 1267-1274.

[91] Si B Q,Fu Q,Wang T,Gao C Z,et al. Two-fold fail-work remedy for reconfigurable driver and windings of 4-phase permanent magnet fault tolerant motor system. IEEE Transactions on Power Electronics,Early Access,doi:10. 1109/TPEL. 2018. 2878013.

[92] 王海南,赵争鸣,刘云峰. 新型高容错电机集成系统的设计. 电工电能新技术,2001,3:29-32.

[93] Atallah K,Wang J B,Howe D. Torque-ripple minimization in modular permanent-magnet brushless machines. IEEE Transactions on Industry Applications,2003,39(6):1689-1695.

[94] Dwari S,Parsa L. An optimal control technique for multiphase PM machines under open-circuit faults. IEEE Transactions on Industrial Electronics,2008,55(5):1988-1995.

[95] Kestelyn X,Crevits Y,Semail E. Auto-adaptive fault tolerant control of a seven-phase drive//IEEE International Symposium on Industrial Electronics,2010:2135-2140.

[96] Kestelyn X,Semail E. A vectorial approach for generation of optimal current references for multiphase permanent-magnet synchronous machines in real time. IEEE Transactions on Industrial Electronics,2011,58(11):5057-5065.

[97] 周东华,席裕庚,张仲俊. 故障检测与诊断技术. 控制理论与应用,1991,8(1):1-7.

[98] 张萍,王桂增,周东华. 动态系统的故障诊断方法. 控制理论与应用,2000,17(2):153-158.

[99] Chen J,Patton R J. 动态系统基于模型的鲁棒故障诊断. 吴建军译. 北京:国防工业出版社,2009.

[100] Frank P M, Ding X. Survey of robust residual generation and evaluation methods in observer -based fault detection systems. Journal of Process Control,1997,7(6):403-424.

[101] Clark R N. Instrument fault detection. IEEE Transactions on Aerospace and Electronic Systems,1978,(3):456-465.

[102] Wilbers D M, Speyer J L. Detection filters for aircraft sensor and actuator faults//Proceedings of the IEEE International Conference on Control and applications,1989:81-86.

[103] Zolghadri A, Goetz C, Bergeon B, et al. Integrity monitoring of flight parameters using analytical redundancy//Proceedings of the UKACC International Conference on Control, 2002:1534-1539.

[104] Szaszi I,Kulcsar B,Balas G J,et al. Design of FDI filter for an aircraft control system//Proceedings of the American Control Conference,2002:4232-4237.

[105] Wilbers D M, Speyer J L. Detection filters for aircraft sensor and actuator faults//Proceedings of the IEEE International Conference on Control and Applications,2007:81-86.

[106] Azam M, Pattipati K, Allanach J, et al. In-flight fault detection and isolation in aircraft flight control systems//Proceedings of the 2005 IEEE Aerospace Conference, 2005: 3555-3565.

[107] Varga A. Monitoring actuator failures for a large transport aircraft-the nominal case//Proceedings of the 7th IFAC Symposium on Fault Detection, Supervision and Safety of Technical Processes,2009:627-632.

[108] Goupil P. Oscillatory failure case detection in the A380 electrical flight control system by analytical redundancy. Control Engineering Practice,2010,18(9):1110-1119.

[109] Efimov D,Zolghadri A,Raíssi T. Actuator fault detection and compensation under feedback control. Automatica,2011,47(8):1699-1705.

[110] Rausch R T,Goebel K F,Eklund N H,et al. Integrated in-flight fault detection and accommodation:a model-based study. Journal of Engineering for Gas Turbines and Power, 2007,129(4):962-969.

[111] Döll C,Hardier G,Varga A,et al. Immune project:an overview//Proceedings of the 18th IFAC Symposium on Automatic Control in Aerospace,2010:261-272.

[112] Berdjag D,Zolghadri A,Cieslak J,et al. Fault detection and isolation for redundant aircraft sensors//Proceedings of the IEEE Conference on Control and Fault Tolerant Systems, 2010:137-142.

[113] Jayakumar M,Das B B. Isolating incipient sensor faults and system reconfiguration in a flight control actuation system. Proceedings of the Institution of Mechanical Engineers, Part G: Journal of Aerospace Engineering,2010,224(1):101-111.

[114] Cheng Q, Varshney P K,Michels J H,et al. Fault detection in dynamic systems via decision fusion. IEEE Transactions on Aerospace and Electronic Systems,2008,44(1):227.

[115] Wu N E, Zhou K, Salomon G. Control reconfigurability of linear time-invariant systems. Automatica, 2000, 36(11): 1767-1771.

[116] Szaszi I, Marcos A, Balas G J, et al. Linear parameter-varying detection filter design for a Boeing 747-100/200 aircraft. Journal of Guidance, Control, and Dynamics, 2005, 28(3): 461-470.

[117] Marcos A, Ganguli S, Balas G J. An application of H_∞ fault detection and isolation to a transport aircraft. Control Engineering Practice, 2005, 13(1): 105-119.

[118] Zhou J, Huang X. Application of a new fault detection approach to aerocraft's closed-loop control system//International Conference on Intelligent Robotics and Applications, 2008: 1223-1232.

[119] Alwi H, Edwards C. Robust sensor fault estimation for tolerant control of a civil aircraft using sliding modes//Proceedings of the American Control Conference, 2006: 5704-5709.

[120] Liu J, Jiang B, Zhang Y. Sliding mode observer-based fault detection and isolation in flight control systems//Proceedings of the IEEE International Conference on Control and applications, 2007: 1049-1054.

[121] Alwi H, Edwards C, Stroosma O, et al. Evaluation of a sliding mode fault-tolerant controller for the El Al incident. Journal of Guidance, Control, and Dynamics, 2010, 33(3): 677-694.

[122] Ribot P, Jauberthie C, Trave′-Massuyes L. State estimation by interval analysis for a nonlinear differential aerospace model//Proceedings of the IEEE European Control Conference, 2007: 4839-4844.

[123] Rosa P, Silvestre C, Shamma J S, et al. Fault detection and isolation of an aircraft using set-valued observers//Proceedings of the 18th IFAC Symposium on Automatic control in aerospace, 2010: 398-403.

[124] Meskin N, Jiang T, Sobhani E, et al. Nonlinear geometric approach to fault detection and isolation in an aircraft nonlinear longitudinal model//Proceedings of the American Control Conference, 2007: 5771-5776.

[125] Glavaski S, Elgersma M, Dorneich M, et al. Failure accommodating aircraft control//Proceedings of the American Control Conference, 2002, 5: 3624-3630.

[126] Smith T A, Nielsen Z A, Reichenbach E Y, et al. Dynamic structural fault detection and identification//Proceedings of the AIAA Guidance, Navigation, and Control Conference, 2009: 1-8.

[127] Hardier G, Bucharles A. On-line parameter identification for in-flight aircraft monitoring//Proceedings of the 27th International Congress of the Aeronautical Sciences, 2010: 1-12.

[128] Sethom H B A, Ghedamsi M A. Intermittent misfiring default detection and localisation on a PWM inverter using wavelet decomposition. Journal of Electrical Systems, 2008, 4(2): 1-12.

[129] Yang S Y, Bryant A, Mawby P, et al. An industry-based survey of reliability in power electronic converters. IEEE Transactions on Industry Applications, 2011, 47 (3): 1441-1451.

[130] Yang S Y, Xiang D W, Bryant A, et al. Condition monitoring for device reliability in power electronic converters: a review. IEEE Transactions Power Electronics, 2010, 25(11): 2734-2752.

[131] Wolfgang E, Kriegel K, Wondrak W. Reliability of power electronic systems//The 13th European Conference on Power Electronics and Applications, 2009: 1-38.

[132] Estima J O, Cardoso A J M. A new approach for real-time multiple open-circuit fault diagnosis in voltage-source inverters. IEEE Transactions on Industry Applications, 2011, 47 (6): 2487-2494.

[133] 司宾强，吉敬华，朱纪洪，等. 四相永磁容错电机的两种容错控制方法研究. 控制与决策，2013, 28(7): 1007-1012.

[134] Si B Q, Zhu J H, Ji J H. Remedial operations of permanent magnet fault tolerant motor for short-circuit fault//The 6th IFAC Symposium on Mechatronic Systems, 2013, 1 (1): 643-649.

[135] Welchko B A, Lipo T A, Jahns T M, et al. Fault tolerant three-phase AC motor drive topologies: a comparison of features, cost, and limitations. IEEE Transactions on Power Electronics, 2004, 19(4): 1108-1116.

[136] Si B Q, Zhu J H, Wang T. A reconfigurable drive topology for fault tolerance//The 21st AIAA International Space Planes and Hypersonics Technologies Conference, 2017: 1-5.

[137] Julian A L, Oriti G. A comparison of redundant inverter topologies to improve voltage source inverter reliability. IEEE Transactions on Industry Applications, 2007, 43 (5): 1371-1378.

[138] Craig E, Mecrow B C, Atkinson D J, et al. A fault detection procedure for single phase bridge converters//The Fifth European Conference on Power Electronics and Applications, 1993: 466-471.

[139] O'Donell P. Report of large motor reliability survey of industrial and commercial installations, part I. IEEE Transactions on Industry Applications, 1985, IA-21(4): 853-864.

[140] Stone G, Kapler J. Stator winding monitoring. IEEE Industry Applications Magazine, 1998, 10: 15-20.

[141] Bianchi N, Bolognani S, Pré M D, et al. Design considerations for fractional-slot winding configurations of synchronous machines. IEEE Transactions on Industry Applications, 2006, 42(4): 997-1006.

[142] Bianchi N, Pré M D, Bolognani S. Design of a fault-tolerant IPM motor for electric power steering. IEEE Transactions on Vehicular Technology, 2006, 55(4): 1102-1110.

[143] Nall S, Mellor P H. A compact direct-drive permanent magnet motor for a UAV rotorcraft with improved faulted behaviour through operation as four separate three-phase

machines//The 4th IET Conference on Power Electronics, Machines and Drives, 2008: 245-249.

[144] Wang J, Atallah K, Howe D. Optimal torque control of fault-tolerant permanent. IEEE Transactions on Magnetics, 2003, 39(5): 2962-2964.

[145] Dwari S, Parsa L. Fault-tolerant control of five-phase permanent magnet motors with trapezoidal back-EMF. IEEE Transactions on Industrial Electronics, 2011, 58(2): 476-485.

[146] Baudart F, Labrique F, Matagne E, et al. Control under normal and fault tolerant operation of multiphase SMPM synchronous machines with mechanically and magnetically decoupled phases//The 2nd International Conference on Power Engineering, Energy and Electrical Drives, 2009: 461-466.

[147] Kioumarsi A, Moallem M, Fahimi B. Mitigation of torque ripple in interior permanent magnet motors by optimal shape design. IEEE Transactions on Magnetics, 2006, 42(11): 3706-3711.

[148] Jahns T M, Soong W L. Pulsating torque minimization techniques for permanent magnet AC motor drives-a review. IEEE Transactions on Industrial Electronics, 1996, 43(2): 321-330.

[149] Zhu Z Q, Ishak D, Howe D, et al. Unbalanced magnetic forces in permanent-magnet brushless machines with diametrically asymmetric phase windings. IEEE Transactions on Industry Applications, 2007, 43(6): 1544-1553.

[150] Wolmarans J J, Polinder H, Ferreira J A, et al. Selecting an optimum number of system phases for an integrated, fault tolerant permanent magnet machine and drive//The 13th European Conference on Power Electronics and Applications, 2009: 1-10.

[151] Zhu Z Q, Howe D. Halbach permanent magnet machines and applications: a review//IEE Proceedings of Electrical Power Applications, 2001, 148(4): 299-308.

[152] 夏长亮,李洪凤,宋鹏,等. 基于 Halbach 阵列的永磁球形电动机磁场. 电工技术学报, 2007, 22(7): 126-130.

[153] 步尚全. 泛函分析基础. 北京:清华大学出版社,2011.

[154] 张立石. 概率论与数理统计. 北京:清华大学出版社,2015.

[155] Clark R N. Instrument fault detection. IEEE Transactions on Aerospace and Electronic Systems, 1978, (3): 456-465.

[156] 李永东. 现代电力电子学——原理及应用. 北京:电子工业出版社,2011.

[157] Analog Devices. AD2S1210 datasheet. http://www.analog.com/en/index.html[2015-10-3].

[158] 孙增圻. 计算机控制理论及应用. 北京:清华大学出版社,2004.

[159] Allegro Micro. ACS758 datasheet. http://allegromicro.com/[2014-10-1].

编　后　记

《博士后文库》(以下简称《文库》)是汇集自然科学领域博士后研究人员优秀学术成果的系列丛书。《文库》致力于打造专属于博士后学术创新的旗舰品牌，营造博士后百花齐放的学术氛围，提升博士后优秀成果的学术和社会影响力。

《文库》出版资助工作开展以来，得到了全国博士后管委会办公室、中国博士后科学基金会、中国科学院、科学出版社等有关单位领导的大力支持，众多热心博士后事业的专家学者给予积极的建议，工作人员做了大量艰苦细致的工作。在此，我们一并表示感谢！

《博士后文库》编委会